李维文 | 著

关系力①

找对人生中重要的7个人

天地出版社 | TIANDI PRESS

图书在版编目（CIP）数据

关系力 1：找对人生中重要的 7 个人 / 李维文著 . —成都：天地出版社，2020.5

ISBN 978-7-5455-5555-4

Ⅰ . ①关… Ⅱ . ①李… Ⅲ . ①人生哲学—通俗读物 Ⅳ . ① B821-49

中国版本图书馆 CIP 数据核字（2020）第 040490 号

GUANXI LI 1: ZHAO DUI RENSHENG ZHONG ZHONGYAO DE 7 GE REN

关系力 1：找对人生中重要的 7 个人

出 品 人	杨　政
作　　者	李维文
责任编辑	王　絮　沈海霞
封面设计	主语设计
内文排版	冉冉工作室
责任印制	葛红梅

出版发行　天地出版社
　　　　　（成都市槐树街 2 号　邮政编码：610014）
　　　　　（北京市方庄芳群园 3 区 3 号　邮政编码：100078）
网　　址　http://www.tiandiph.com
电子邮箱　tianditg@163.com
经　　销　新华文轩出版传媒股份有限公司

印　　刷	河北鹏润印刷有限公司
版　　次	2020 年 5 月第 1 版
印　　次	2020 年 5 月第 1 次印刷
开　　本	880mm×1230mm　1/32
印　　张	7.75
字　　数	200 千字
定　　价	45.00 元
书　　号	ISBN 978-7-5455-5555-4

那些影响我们人生的人

人的一生要遇见许许多多的人，也将被许许多多的人影响。这些人里有亲人、朋友、爱人，也有非现实生活中的精神偶像。他们中的有些人是你无法选择的，如父母；有些人是可以选择的，如朋友和爱人。本书主要是讲人生中你可以做出选择的"7个人"。我们都知道，选择比努力更重要。与谁同行，很大程度上决定了你有可能成为怎样的一个人。

几年前我写了《六度人脉》系列，获得了百万读者的支持。如果说那是人际交往的"大数据"，那么《关系力1：找对人生中重要的7个人》则化繁为简，只帮你找对你人生中最重要的7个人，这7个人代表7种力量，他们将改变你的一生。

有人说，人生有三大不幸：在上学时学了一个不喜欢的专业，在上班后遇到一个糟糕的上司，结婚后又遇到了一个自己不感兴趣的伴侣。

真糟糕啊，放眼看去，处处都是"不喜欢"，事事都是"勉为其难"，这样的人生肯定不好过。

还有人说，人生最悲剧的就是，你和一个人同时进入一所陌生的学校，那时你们不分先后，一同起跑，但是 10 年后再次相见时，你发现自己远远地落在了他的后面。在事业上无法望其项背，在阅历和见解上也差了一大截。

这是什么原因造成的呢？

无论学生、公务员还是商界巨子，不管你是什么身份，我们都有类似的想法、慨叹、困惑，也常有一些类似的疑问：

在过去的岁月里，我遇到了什么样的人，才有了今天的境遇？

在我的社交历史中，到底发生了什么，才让我错失了那些宝贵的机会？

我要怎样调整自己的社交心态，才能为未来的改变打下基础？

我的朋友霍华德·纽曼是美国一位很受欢迎的心理学家，同时他也是一位供职于常春藤盟校并且受雇于多家著名公关公司的成长学家。"成长"是他在多年前就开始研究的课题，但它的重要意义最近才被世人发现，并迅速成为一门深受精英阶层欢迎的课程。

人们对此趋之若鹜。所以，纽曼经常受邀去给美国各地财阀的后代讲课，教授他们社交技巧，以帮助那些年轻的豪门子弟形成健康的心理，让他们拥有高超的社交眼光并从自己成长的环境中获取积极力量。

在谈到上述问题时，纽曼说："总有一些人会带给我们某种力量，并决定我们的人生。不同的是，有的人天资聪慧，做得很好，拥有发现的眼光，做出敏锐的选择。有的人则经常错过自己的花开时节，没有招来蜜蜂反而引来了盗花贼。就像一个愚笨的股票持有者在价格走高时遁匿不见，跌到谷底时才面露彷徨之色地现身交易所，成为被收割的对象。这是一种判断失误的表现，他们总是从错误的人身上得到消极的信息，使自己的人生更加灰暗。正如社交领域提供给我们的规则，你错过了一个机遇一定会受到惩罚，使你付出更多才能挽回损失。"

人们在不同的人生阶段都需要不同的人来成为自己的"点醒者"，从他们的身上得到启示，改变命运。这就是我们的社交机遇，也是成长学课程最为强调的一点：在别人的帮助下栽下成长的种子，不断修正人生的航向。

因为大多数人的天资都处在同一个水平，在我们年轻时，没有谁比别人聪明许多，也不会有人真的很笨。在智力的舞台上，上帝给我们的底牌是基本相同的。家庭背景无法选择，大多数人只能自己孤军奋战，在走进竞技场时孤身一人。

怎么打好手中的牌？如果有人帮你一把，推你一下，托你一下，就能让你更快地做出正确的选择，在漫长的博弈中你将走得更远。

如果找不到这个人，你可能要独自用力跑很远，付出极大的努力才能勉强跟上队伍。虽然这样的悲壮和艰辛很容易在你的"个人奋斗史"中吸引别人的眼球，引发听众的称赞，但这样未免太过冒险了——因为你只有不到 1% 的概率跳过所有的障碍，成功地跑到最后。你一个人奋力前行，只要摔倒一次就可能万劫不复。

在现实生活中，人们总在以自己现实的需求去发掘关系，而很少为未来的五年甚至更长的时间布局。这当然很容易理解，长远计划意味着获得收益会很迟。"我不知道将来发生什么，还不如把握现在。"有的人为了在明早就赚到 100 元而立刻投资 50 元，却不情愿为两年后可以赚到 10 万元而拿出 5 万元的成本。

这种根深蒂固的心理，决定了他们只有 1/100000 的成功概率，在某些领域甚至更低，可能达到几百万分之一。所以我们的世界总是呈现出金字塔形的结构。站在上层的人数是如此之少，以至于人们哀叹命运是那么残酷，却不知每个人都是自己命运的主宰者。

大凡取得一定成功的人士，他们的思维是完全不同的。在不同的人生阶段，他们一般都遇到过可以帮助他们的人，通过别人的力量，来激发自己的潜力，让这种帮助来协助自己跳过那些或高或低的障碍物。最重要的是，他们愿意着眼于未来，为这样的机遇进行"投资"，并能充满热情地努力抓住这些机遇，以超前的社交理念在很早以前就构建自己的资源平台，来获取实质性的帮助。

这种帮助当然并不仅仅局限于功利性的扶持（经验、人脉和资金）——如果你仅理解为是看得见、摸得着的物质输血，就背离了我们的社交宗旨——这种帮助更多的是深层次的助力和启迪，为他们指明了方向，让他们改变了头脑，坚定了决心，少走了弯路。结果就是，他们的内心更强大，思维变得更清晰，目标也更加明确。

在这些不同的人的助力下，他们实现的是内在的提升，成功地跨越不同的人生阶段。

问题是我们作为普通人，应该如何从中吸取有益的经验呢？

想要做出改变的人应该怎样在自己的人生中获得这些人的帮助呢？

对于这两点，本书将是一个很好的参考。在书中，我们将讲述在不同的人生阶段如何来甄选、辨别不同的人，从人的品格、行为、背景、性格等方面进行深入的分析，讲述在什么阶段应尽量交什么样的朋友，有什么样的人可以帮助我们，以及什么样的人必须远离。玩伴、同学、老师、同事、上级、竞争对手、客户、合作伙伴、家人等，都有可能成为我们生命中非常重要的人。

在这些人中，有的人会帮助我们健康地成长，避开成长路上的危险；有的人会指引我们人生的方向；有的人能够给予我们丰富的社会资源；有的人则可以直接提携我们更上一层楼；有的人能在困境中对我们及时伸手相援；有的人则是我们的感情寄托，是一杯香浓的咖啡、一块温热的毛巾，是在外拼搏劳累了一天回到家之后的温馨港湾。

希望本书可以让你明白：除了你的父母，谁才是你人生中最重要的"7个人"，我们又该如何在人生的关键节点上做出最正确的选择。

目 录 |CONTENTS|

别让自己成为孤岛

苹果公司的 CEO 库克先生说过一句名言："别让自己成为一座孤岛至关重要。我认为，作为 CEO，这可能是最重要的事情。"他觉得，一名志向远大的管理者，最可怕的就是陷入孤岛困境。

的确，孤立无援是一种十分可怕的境地。你无力可借，没有援助，只能凭借一己之力做出判断，犯错的概率将大大增加。相信没有人愿意陷入这样的境地。

在本书开始之前，我要向你提出两个问题：

1. 你是谁？（这个问题很少有人思考。）

2. 当你遇到问题时，可以向谁求助？（人人都想过这个问题，但在身处绝境时才能感受到它是如此重要。）

这两个问题是脱离库克先生提到的"孤岛困境"的关键。为什么首先要强调"你是谁"呢？因为这才是成长和社交的根本。如果你不清楚或不能确定自己的定位，就意味着你不知道自己能提供什么。忽略自我建设，没有办法向外辐射价值，那么你就会走入孤岛。如果他人不提供帮助，你自己就走不出来。

解决了"自己是谁"的问题，你就会明白，人成长的核心就是建设自己，要将自我的强大作为成长的重要目标。围绕着这个目标，去向外扩大自己的寻找范围，交一些有着不同性格和不同价值观的朋友，把他们纳入自己的生活，想一想能否帮助他们，关心他们，和他们共同提高。当然，无论你有多么出色，在你身边永远都会有值得学习的榜样，也始终会有对你来说很重要的伙伴。

第二个问题强调的是你要了解"这个人是谁"，这个人有什么长处，对你意味着什么。这样你就可以知道自己在遇到问题的时候，能否获取帮助，以及应该向谁寻求帮助。在这里我特别强调的是，必须排除功利的想法——不是因为用到了才去社交，而是出于喜欢和志趣，社交必须是我们成长的一部分，是一个水到渠成的工程，是一种共生的状态，而不是去攀附别人。

就像吃饭一样，我们吃饭是为了防止饿肚子，而不一定饿了肚子才去吃饭。任何一种事物，逻辑的顺序不同，其最终呈现的本质也就有了很大的区别。

纽曼说："如果你有企图，别人会看出来的。"有些人根本不考虑志趣是否相投，只考虑对自己有用没用，这种交往会比较生硬和无趣。而且，这样做总会被识破。

解决了这两个问题，我们就有能力避免陷入成长中的"孤岛困境"，成为一个合群的人。合群体现的是一种乐观的性格特征，一个合群的人，既能够接受别人，也能被别人接受；乐于和人交往，很少封闭自己，可以轻松地向特定的人（往往有很多）敞开心扉，表达自己的看法；通常也是善解人意和热情的，会以良好的态度对待身边的人，并清楚地知道应该和什么样的人在一起。

重要的是，我们要保持健全的人格，并懂得在成长中去"交换人格"，吸取别人身上的不凡之处——这一点尤其关键。

第一，你将能正确地评价自己。

第二，你可以懂得如何关心别人。

第三，让自己具有开放的社交态度。

第四，保持自己健全的人格。

第五，形成和别人交换意见的好习惯。

人和人之间的所有关系，在本质上其实都是互补关系。确立一种关系，就是在向对方索求某种东西来满足自己的需求。这是不变的本质。没有谁能够在完全独立和与外界封闭的状态下满足自我的需求，这必须依靠他人的协助来完成。

在成长过程中，我们每个人都生活在一定的关系中，没有他人，你就是一座孤岛。就像小时候，一个好的玩伴你不珍惜，到了中学和大学，你也就不会珍惜那些纯粹的友谊，到了工作中，你就缺乏与同事和上司融洽共事的能力，当你想在事业上获得更好的发展时，你就没有办法得到人们的全力支持。

这是对人生的不负责任吗？纽曼就是这样认为的，他说："我并不主张使用'关系'这样的词汇来说明一个人的社交能力，因为社交本身是成长学的一部分，代表着你充分挖掘和利用社会资源的能力。"

在中国，"关系"是如此重要，以至于人们既需要它，又对它心怀不屑，好像一个只知道寻找关系的人就是没有能力的。其实恰恰相反，一个人意识到了自己的不足，才会去寻求别人的帮助，才能在这个过程中和别人互动，彼此理解，学习对方的优秀之处，给自己充电，然后让自己也变得更加优秀。

没有人是一座孤岛，我们在寻找朋友，而他们也在寻找我们。为了帮你找到自己的同行者，帮助你拥有一个充满幸福感的充实人生，我希望这本书能带给你些许启示，希望每个人都能从中吸取有益的营养，重新规划自己的人生。

若能如此，我将无比荣幸。

第一章

遇对人，走对路
——找到你的小伙伴

谁和你一起玩大

和别人建立一种亲密关系至少需要三个条件：第一是相识，第二是相知，第三是相惜。相识很容易，我们每天可能会认识许多人，客户、同事、合作方，这都是相识。相知和相惜就难了，有的人一辈子交际无数，也不一定能有几个相知的人，更不要提相惜了。

我读小学时，班里有 40 多名同学，一年级时我们就相识，都是同一片区的邻居。可最终能和我成为伙伴的只有七八个人，几年后到了中学，成为朋友的还剩下两三个。其他的人都成了人生中的过客，不曾相知，也不曾相惜。

工作以后，我到了长江实业，有几千名同事。我和他们低头不见抬头见，可最终聊得来的，互相影响、互相帮助的，也只有那么几个人。其余的人都是我人生旅途上的过客，就像路边的花花草草一样，和我关系不大。

其实，亲密关系是很难建立的，这不但取决于需求和价值观，还与你自己的主观努力有关，也与你对关系的理解有关。许多呈现在你眼前的亲密关系，其实只是表面现象。

生命一开始，关系就产生了，人生中，遇到对的人总是如此之难，所以人们才由衷地感叹——朋友是如此难交。但是否可以换一个角度想想，我们对社交关系的理解是不是有问题呢？

对朋友，你是想获取他能够提供的价值，还是想在他身上获取自己成长的动力？不同的选择，会给你带来不同的人生。

沃伦·巴菲特是一位十分擅长总结的价值投资大师。他不但精于股票分析，对人的成长也有着精辟的见解。他说："人生就像滚雪球。最重要的是发现很多的雪和很长的坡。"要想让雪球越滚越大，显然是需要具备上述两个条件的。

"雪"就是各种资源，包括钱、人，还有其他能够被聚拢、合成一体的东西，长坡则是正确的方向。它们缺一不可。当这两个条件都具备时，你所需要的就是体力、耐心和技巧了。后者在我们的人生中其实是必须具备的最为基本的东西。

巴菲特所讲的雪球之"雪"，也包括我们的社会关系。一个婴儿从呱呱坠地的时候开始，就存在于一定的社会关系中了，这不因生在不同家庭而有所区别。

一个小婴儿，从他睁开眼睛的第一天起，就走上了一条建设和经营自己的人生关系的漫长旅途。他会遇到形形色色的人，好人、坏人，有价值的人、无价值的人，有积极意义的人、只能起消极作用的人……他必须学会辨别和选择。

这是一件重要而且会相伴他一生的工作，这项工作完成得怎么样，在一定程度上决定了他最后能取得多大的成就。

与此同时，他对于别人的看法，也促成了人们对他的印象。在一个互联互动的环境中，他从婴儿变成少年，从少年长大成人。他在 30 岁时，对自己的幼儿时代一定已失去绝大部分记忆，但正是那些想不起来的记忆碎片，为他今天的状态播下了第一粒种子。

在孩童的思维中，父母和亲人是第一重世界，这无可替代；朋友和伙伴是第二重世界。父母的概念是清晰的，朋友的概念是模糊的，至于玩伴——人们在思考对自己起到重要作用的人时，通常不会考虑自己的小伙伴。现在我要告诉你，这大错特错。

"他们除了是我因玩具而时常发生战争的对象，我不清楚还有什么作用。"一位 23 岁的纽约女孩乔丝说。她已完全记不起儿时玩伴的模样，她甚至认为自己童年时没有一个可以陪自己玩的人。

"除了喜欢酗酒的爸爸，我不记得还有谁经常在我面前出现，我是自己玩大的，就这样。"她说。她感觉自己现在有些自闭倾向，交不到好友，这很可能与她的幼年经历有关。

乔丝在两岁时就意识到自己需要一个小伙伴——一个可以和她分享玩具、争夺战利品以及一起玩游戏的人。但她没有兄弟姐妹，也很少接触邻居家的同龄人。偶尔会有一些小孩进入她的房间，却总以不快收场。他们不是打得不可开交，就是互相仇视。

成人很难理解小孩的世界，他们可能只见一面就视对方为最大的敌人。

可是，即便这样的关系也很重要，不是吗？乔丝在五岁之前搬了三次家，先后随着爸爸从东海岸到西海岸，又跑到新墨西哥州。最后一次搬家，是她在爸爸去世后孤身来到纽约。当她开始一份工作后，才发现自己完全没有可以拿出来跟同事分享的童年回忆。她发现自己完全不懂得如何处理与同事的关系。这恰恰就是缺乏儿时的小伙伴给她带来的不良影响。

我们的研究也表明了这一点，个人在社会化的过程中，其实从 3 岁起，身边的朋友就开始发挥很重要的作用了，人际交往是每个人进行社会化的必然途径。儿时的玩伴，则是一个人进行人际交往的开始。

你的行为会影响别人，别人的行为当然也会深深地影响你；你们会互相吸收优点，并兼具对方的某些缺点。这些人就算是你的发小，与你青梅竹马或是与你"势如水火"都没关系，重要的是我们第一次通过别人的眼光看自己，并且开始在乎别人对自己的看法，在乎他们是如何评价自己的。我们第一次仔细地了解别人，从别人的身上看到长处和短处，并且学会与他们共处，做大家都感兴趣的事。

对于自己的"玩伴"或者认识很长时间的发小，我们并非一定要来者不拒。如果不加以辨别地选择小伙伴，我们的童年就会变成"放羊式童年"，凡是以这种态度交友的孩子一般都会对自己的未来失去控制力。

根据我的研究，如果一个人想在自己人生的每个阶段都保证遇到对的人，走上对的路，最起码要具备一种基本的辨别的能力，要懂得去理性地观察每一个人，避开表面的陷阱，透过表象看到他们内在的优点，然后综合起来分析，为自己找到一个"学习点"。

这里还有两个原则。

第一，你的每一个小伙伴都有值得你学习的地方。每一个人都代表着某种性格或生存的方式，有你可以借鉴的方面。

第二，用公平的标准衡量他们，世俗的观点不应影响你的判断，你不应受到一个人的财富、相貌、衣着等这些世俗标准的影响。你必须采取完全脱俗的态度，超越眼前的得失去评判他们，选择自己的小伙伴，这样才能找到值得自己学习的同龄人，在和他们相处的过程中与他们共同成长，将他们的优点融合到自己的身上。

20 年后还在影响你的力量

在我们长大以后做某些事情时（人际交往或处理工作），经常突然产生一种"似曾相识"的感觉，这种感觉有时正是深深的记忆中保留下来的经验——或许它们就是你在小时候与玩伴的共处中积累下来的经验。可以说，那个和你一起玩大的人，其实在 20 年后还在影响着你，虽然你意识不到，也不清楚其发生机制是什么。

每个人的成长轨迹都不可复制，有太多的因素左右着我们的选择，所以不能绝对地认为小时候一个与你嬉闹游戏的人会主宰你未来的人生。我们不能否认的是，这个角色确实在许多成功者的人生中起到了巨大的作用。

在我们机构的培训教材中，巴菲特是一个经常出现的名字。我和史密斯都把他作为"成长"和"成功"的典型范例，告诉学员必须尊重他的方法——其对多数人来说是非常适用的，比微软创始人和谷歌总裁的励志故事更有代表性。巴菲特从自己身处的世界中获取了巨大的能量，他懂得如何利用集体的力量，他让亲近的人成为他的得力帮手，一起把他的商业价值观发扬光大。

巴菲特儿时的伙伴中有一个叫作拉塞尔的人。在 9 岁时，他们就成了一对"商业伙伴"——他们把加油站门口苏打水机器里的瓶盖运走，并且精心地把每一种饮料的瓶盖数计算好，分析哪一种饮料的销售量最大。

这一看似无聊的举动，实质上却是最简单和最原始的市场调查。这一行为在他记忆中烙下印记，深入他的潜意识，形成强大的驱动力，最终在他选择从事哪种行业时产生影响。

此后，他们又去寻找可以再用的高尔夫球，进行分类和整理，然后卖给邻居并且从中获得提成。两人后来还去当过高尔夫球场的球童，每月只赚 3 美元。两人携手赚钱，一点一点地积累资本。这门生意规模很小，也赚不到几个钱，但无异于一堂最基本的投资理财课。

实践是他最好的老师，拉塞尔则是他称职的帮手。后来，他们还在公园里建造了高尔夫球亭，生意相当红火。

难道他们真的如此缺钱吗？拉塞尔的母亲问过他们这个问题。巴菲特说："这倒不是因为我想要很多的钱，我只是觉得，看着它慢慢变多是一件很有意思的事。"

这段儿时经历为日后的"股神"巴菲特开启了一扇大门。正如他自己所言，重要的是发现很多的雪，还有很长的坡。一个有价值的玩伴和他一起玩大，两个人最终都做出了一番伟大的事业。

而对你来说，那个和你一起玩大的人是谁呢？

不管是男是女，我们小时候都会有一些伙伴，我们和他们一起吃糖、一起做游戏。但是并非每个人都能像拉塞尔一样在很长的时间内对我们造成深远的影响，甚至改变我们的生活（有他和没有他，你将来的生活会有根本性的区别）。实际上，我们遇到什么人，很大程度上取决于我们的需求——想跟什么样的人在一起。这种选择不是随机的，而是刻意的，如果你缺乏想法，你交到的朋友可能也都是白开水类型的。

一个在 20 年后还能影响你的人，首先必须是有想法的，是一个富有活力及创造力的孩子。他一开始就能表现出惊人的思维跳跃性，不受传统的束缚和世俗观念的影响，能够给你提供一种完全不同的视角。

不是每个人小时候的朋友都是有想法的，多数人的忠诚玩伴都像一张没有内容的白纸，或者上面缺乏足够亮丽的色彩。他们在我们逐渐变淡的记忆中变得越来越模糊，没有留下多少亮点。因此，我们才会在多年后再次遇到童年要好的玩伴时，惊讶地发现自己竟然记不起与他有关的事情，只能在记忆数据库中勉强找出一点模糊的印象，来证明他就是那个人。

如果你的小伙伴也是这样没有想法的人，你的童年可能就是"失败"的，你能从中汲取的营养就欠缺了一些必要的元素。

什么叫有想法呢？

这意味着一个人起码能够独立地做出决定，而不是被传统的思维和别人的意见左右。需要有一些离经叛道的念头和行为，超越年龄和世俗观念的限制，充分自由地畅想并进行实践。这未必是疯狂的，但一定是有趣的。实际上，我们小时候能遇到几个称得上有趣的伙伴，对自己人生的影响就已经足够大了，他们能够帮助我们埋下创造力的种子。

有的人喜欢结交的伙伴是那种木讷型的，这样的人从来不会创造性地思考一件事情的不同解决方法，不会表现出活跃的思维。就像一辆遥控汽车，他们只能在某些既定的程序下，按照设计好的路线行驶。和这一类人成为亲密玩伴的人，通常自己也不会有什么作为。他们还会暴露出某些缺乏自信的"潜质"，或醉心于成为一个老实同伴的"领导"，而不是向更聪明的人学习——哪怕只能给他打打下手。在 20 年后你再次遇见他们时，你会惊奇地发现，他们的人生一点都没有改变。

小伙伴代表着四种角色

和我们一起玩大的人一般会具有一些共同的特点，并且代表着四种重要的角色。每一种角色，实质上都是对于我们人生的一种演习和提前的训练。

玩具分享者

玩具代表着"个人资源"，分享玩具的过程即资源共享的训练过程。

从一些普通的游戏和对玩具的分配、使用上，你和你的搭档就已经开始了这项至关重要的练习——如何对待玩具，以及怎样和小伙伴分享，它决定了你在未来如何对待自己的人生资源，以及寻找盟友、客户和融入团队的能力。

它将帮助你建立正确的团队意识。

它将训练你调整心态和处理人际关系的能力。

它将提升你的协作意识并赋予你团结的力量。

虽然你对此一无所知，但它已经替你悄悄完成，并把这种力量植入你的潜意识，你可能到成年时对此才恍然大悟。

游戏合作者

一个团体游戏如何协作？玩伴必须知道怎样一起做游戏，这甚至是人小时候交朋友的一个标准，凡是不能在游戏中合作的孩子都将出局，他们缺乏迅速融入一个团体的能力。

美国康州的布兰克问："每个人在出生时都是平等的，上帝是如此公正，绝大多数人都不是天才，但是什么改变了他们之后的人生呢，重要的转折点是什么？"答案就是我们在小时候与伙伴的游戏合作中获得的东西不同，有的人在恰当的时间遇对了人，走对了路，迅速明确了自己未来的角色，树立了正确的目标；有的则被更好的小伙伴影响、改变。

小时候的游戏就起到了这样的作用。纽曼说："我们人生的头几年对一生的命运具有决定性的影响，尤其是一些关键的时刻，那些难以抹去的情感和重要的相遇，共同决定了我们的性格。"

比如打仗游戏，在这个临时或长期构成的团队中，有头领，有小兵，甚至还有军师。这就是一个由不同角色组成的组织，人们在组织中寻找自己的角色，训练协同作战的能力。同时这也是一种考验，不能适应的人将被组织淘汰。

和打仗游戏一样，过家家也是一种角色扮演的模式。但不同的是，过家家必须有女孩参加——我们在这种游戏中体验父亲与母亲的角色，打仗游戏则通常只有男孩参与，因为这是展示力量和智慧的初级体验。

在十几年的跟踪调查中我们发现，那些在7岁时每次"打仗"都当小兵的人，30岁时会在一家公司做普通员工。而那个每次都充当头领的顽皮小子，许多28岁就从单位辞职做起了买卖，或者不到30岁就成了一个部门的领导。

在中美两国对将近20万人所做的采访表明，这个准确率高达79%。要知道一个社区（村）的"小头领"并不会太多，往往只有两三个，小兵却有一大群。难道这不能说明一些问题吗？

"和经常欺负我的老大做朋友？这没错呀。"上海的赵先生笑嘻嘻地说。5岁时他是村里出了名的孩子王的副手，他打不过那个家伙，于是退而求其次，和孩子王成为一对搭档，一起管理一个小团队，全村的小孩都听他俩的指挥。而现在，他是一家IT公司的副总。

你在小时候扮演某种角色，其实是在为将来你的社会角色进行演练。它会变成一粒延时生长的种子，埋在我们意识深处，静悄悄地隐藏起来，然后在恰当的时刻，以你毫无知觉的方式生长。

糖块争夺者

糖块代表"战利品"，可以说是"利益"的象征。玩伴们既在一起争取让大人给更多的战利品，又会为了自己可以多分一些而大打出手、争执不休以及明争暗斗。假如你总能在糖块争夺战中获胜，还不破坏自己与小伙伴的关系，就代表你在未来也会成为一个大赢家——至少你会拥有很大的概率继续赢下去。

搞破坏的同谋者

不在一块干点儿坏事，就称不上是自己的小伙伴。比如把邻居家的自行车车胎扎破，在同班同学的书桌内放一只死蛤蟆。在搞破坏时，你总是需要一个同谋者和得力的帮手。相信我，在 10 岁以前，几乎没人不在意这事。

在这四种角色的变换中，我们与玩伴经历了一个非常复杂的时期，对人生来说也是必不可少的实验期——我们对成人世界的各种规则进行初级训练，并形成最初的与人打交道的经验。在和小伙伴一起无所顾忌地从事各种活动的同时，我们也能慢慢地发现自己的兴趣，为未来的人生找到基本的方向。

重要的是，你会形成最早的"自我意识"：这是我，不是别人。你会看清自己在这个世界上的位置，明白将向哪里去。

最难把握的是"分寸"

当你学会了定位，知道自己擅长干什么，应该干什么、在和伙伴的比较中有了自己的理想，形成了自己的个性，你就明白了什么叫分寸，做人和做事就具有了一种收放自如的能力。这往往是一个人的生命长河中的重要分水岭，是一个人成熟的标志。因为对一个人来说，做事最关键的不是能不能做成功，而是把事情做到何种程度。

这个世界上，任何事情都需要衡量。每一天，我们都需要掌握分寸，这决定着我们的心态是否从容，脚步是否稳健有力，前途是否光明远大。比如，人际关系需要把握分寸，成就事业需要把握分寸，制订计划需要把握分寸，评价朋友和学习总结都需要把握分寸。

用最简单的话说，分寸就是"尺度"，把握分寸是一种决定自己站在什么位置的能力。

我经常在讲座中谈到我的合伙人史密斯的故事，他是一个传奇人物，CNN（美国有线电视新闻网）和《纽约时报》都做过他的专访，还有很多机构想邀请他出版传记。史密斯之所以能够在复杂的公关工作中游刃有余，同时也在他自己的人生道路上顺风顺水，原因不仅仅在于他很聪明，也不仅仅在于他很勤奋，更不在于他掌握多少方法与手段，而在于他对人性的洞察、对于人与人距离的把握和做事的时候火候的掌控。

史密斯懂得什么叫作恰如其分，什么叫作不偏不倚以及见好就收。他永远都不会失去朋友，他是我身边拥有朋友最多并且和朋友的友谊保持最为长久的人。有一次，史密斯曾颇为自豪地说："30 年前和我一起偷邻居家奶酪的麦克·布莱恩，那个喜欢吹牛的家伙，现在仍然是我家的座上宾，我从他身上学到的不是如何偷东西，而是怎样在邻居的家门口留下一张道歉的纸条，告诉威灵顿先生我们只是非常喜欢他妻子做的美食。"

一句话，史密斯善于从任何一个事件中总结经验，学到一些取悦别人的智慧。就算犯下了错误，如果以恰到好处的方式进行处理，我们也会发现自己总是能够轻易地得到对方的原谅。就像我们与别人发生矛盾的时候，率先道歉的一方总是能掌握主动权一样。在社交领域，这就是方法与时机的问题，它综合表现为一种社交技巧，代表着开放、诚恳和善意的力量。

做人做事恰如其分，这当然是人生的最高境界。把握好人生的分寸，在和小伙伴的相处中掌握好尺度，懂得人生长跑的技巧，你就等于掌握了自己的命运，而不是将其拱手交与他人。

只有懂得如何把握分寸，才能达到做人做事的最高境界，做事做到恰到好处，是人生最大的学问。

批评的分寸：只有坦诚是不够的

如果你自认为十分坦诚，就毫无顾忌地指出别人的错误，即便没有恶意，也会让你在他人心目中的地位直线下降。一个人和你关系好，就可以接受你严厉的批评吗？不，我们和伙伴的决裂往往就是从这时开始的。

批评和指责别人既要考虑到场合，也要注意分寸。若你的批评使被批评者下不了台，面子上过不去，或者自尊心受到伤害，你们的关系很可能就会发生根本性的改变。

表达的分寸：很多话是需要三思而言的

说话小心一些总是没有错的，这代表了谨慎的力量。不知从什么时候开始，我们会变得谨慎，而不是在朋友面前咄咄逼人或喋喋不休。这是无数经验、教训和长辈的训导换来的，也是向他人学习的结果。

三思而言，察定而后动，使自己置身于进可攻、退可守的有利位置，再去表达你的看法，才能显示涵养而且受人欢迎。一个总是说错话的人不但缺乏城府，而且显得浅薄和俗气。我们一出生，上帝就给了我们一张嘴巴和两只耳朵，就是让人多听少说，多去观察而不是总出风头。

实际上，在我们的调查中，小时候就很喜欢出风头的人，在成人后的成就绝大部分都很一般，大多从事平庸的工作，而且丧失了儿时的那种创造力和可贵的活力。

时机的分寸：口无遮拦的结果是遭人讨厌

我见过很多口无遮拦的人，他们总是有意无意地触及别人的禁区，在相处的分寸上犯下很大的错误。比如，探问别人的隐私，当众揭对方的伤疤，以及张扬对方难以启齿的缺陷等。这是缺乏训练的结果，和没有分寸的人成为伙伴，你也会变得没有分寸；和喜欢强人所难的人成为朋友，你也会变得和他们一样，从他们身上染上这些让人讨厌的毛病。

尊重的分寸：与人保持适当的距离

一个人就算和你关系密切，也要与他保持适当的距离。在任何话题上都要互相尊重，比如谈话不可拖得太长，否则会令人疲倦；不可过度介入对方的生活，这会有损你的形象。维持良好的关系，需要的不是时间，而是合作的兴趣和对对方的态度。

我们有必要为自己找一个榜样，来解决这个问题。从他的身上学习如何尊重别人，然后自己也这样去做。有时候，好的家庭教育能够把它带给我们。但如果没有这个条件，和同龄人的相处就成了学习这种做法的途径，你要甄别哪些人没有这样的涵养，然后离他们远一点，避免染上"放肆"的恶习。

做事的分寸：借鉴书本的经验，让阅读成为习惯

取得一番成就的人，大都是很好的阅读者。那些好书就是他们的好伙伴，从他们识字开始，就成为陪伴他们一生的朋友。在调查中，我发现 67% 的华尔街高薪职员在 16 岁以前就建立了定期阅读的习惯。没有人强迫他们，纯粹是兴趣使然。有的人在回忆儿时伙伴时往往没有印象，却能够想起当时自己读过的好书——他们从中了解到了这个世界，受益匪浅，也培养了自己淡定和从容的品格。

随着周围环境的不断改变，我们必须不断地适应，来调整说话或者做事的分寸，制订与人相处的更高的标准。就像一辆好车，我们需要升级它的配置，增强它的发动机，以改善它的性能，让它始终在自己的驾驭之中。

假如我们每一个人都可以从好的伙伴身上学习到这些智慧并加以运用，那么我们就如同获得了动力强劲的座驾，在漫长的岁月中逐渐超越别人，获得事半功倍的效果。更重要的是，它还会让你迅速成为一个受尊重的人。

不要过度投资

25 岁的华盛顿男孩克莱尔有着沉痛的教训，他说："千万不要对别人太好了！我对别人好到极点，好事几乎都做尽了，结果却让我失望，我总是那个受伤害的人。难道这个世界就是如此吗，它不是给好人准备的？"

翻开克莱尔的过去，我看到的是一位对朋友尽心尽力、从不设防的年轻人，而且他确实喜欢义无反顾地对自己的朋友付出。这当然是非常好的，无可指责，也绝不能批评。但是，问题出在哪儿呢？

克莱尔说："我和夏西基很小的时候就认识了，四五岁时，我们是社区最好的一对伙伴，所有的好东西我都会跟他分享，像兄长一样照顾他；到了学校，我们是最好的哥们，我替他遮风挡雨，甚至帮他在考试时作弊。没有人怀疑我们的友情。"

"这很不错，然后呢，发生了什么事？"

克莱尔沉默了一会，说："去年，夏西基投资了一家餐厅，前半年生意很不错，但后来不知他怎么经营的，亏损了一大笔钱。他曾想关闭餐厅，但我觉得这是他从小到大的理想，不能这么轻易放弃，就拿出了自己全部积蓄——大概 30 万美元帮他，维持了不到一年，还是破产了。我并没有要他还钱的意思，可我发现夏西基对我越来越冷淡了，总是不接我的电话。直到上个月的一天，他从我的世界中消失了，不知道去了什么地方。"

我马上明白了问题的症结，便问他："在你们 20 多年的友情中，你有求过他帮忙吗？哪怕是一些微不足道的小忙，请回忆一下，尽可能列出他对你的帮助。"

克莱尔想了半天，然后坚定地回答我："没有，我从来没有对他提出过任何要求！"

这难道不是他们友情破裂的原因吗？在他们让人羡慕的关系中，克莱尔是完全的施与者，而夏西基只是单纯的接受方。克莱尔满足朋友的一切需求，却不要求对方给予一点回报。虽然他心里的确是这么想的，但夏西基可能并不这样认为。过度付出的结果就是对方承受了巨大的压力，最后他们的关系像断裂的弹簧那样无法修复。夏西基无法报答他的付出，只好一走了之。

我的结论就是：一个健全的人是有劳动能力的，而且智商正常，情商也不低。他在残酷的社会竞争中渴望朋友的帮助，这是毫无疑问的，但与此同时，独立和付出也是他内在的需要。他最希望的是通过自己的付出来获得帮助，而不是像乞丐一样接受施舍。

从本质上来说，我们的人际关系如果不是一种相互满足某种需要的稳定模式，这种关系维持起来就比较困难了。你对一个朋友过度投资的恶果就是他无法还债，不得不离你而去，和你终止关系。我们经常可以看到，许多人在很小的时候曾是过命的朋友，但成年后却逐渐疏远，渐渐地老死不相往来，往往就是出于这种原因。

这是残酷的教训，人与人社交，始终遵循着一个原则，人们一般也难以摆脱这个原则——满足自己的需要。就像心理学家霍曼斯早在 1974 年提出来的："人与人之间的交往本质上是一种社会交换，这种交换同市场上的商品交换所遵循的原则是一样的，即人们都希望在交往中得到的不少于所付出的。"

而实际上，人们虽然希望自己得到的不少于付出的，但如果得到的远远大于付出的，往往也不会感到快乐，心理也会失去平衡，从而做出与常理相悖的事情。就像夏西基对克莱尔做的那样，对这种结局，他们两人都不会有什么愉快的感觉。

这说明，对你的玩伴一定要有所保留，不可表现出一种"我全心全意为你"的姿态。很多人经常犯的一个错误就是"好事一次做尽"，他们倾尽全力，以为自己这种无怨无悔、没有私心的付出，会让双方的关系更加密切。然而事实并非如此，结果往往是相反的——对方的心理感到极不平衡，因为他不能一味地接受别人的付出，这对他的自尊是极大的伤害。

为了平衡双方的关系，使你与伙伴的亲密关系维持下去，你必须遵守一个基本的原则：任何付出都应得到回报。这种回报未必就是金钱或其他功利性的东西，但一定要让对方感到平衡和安全，至少要让对方感到心安理得，能够从容地与你相处。否则，当感到无法回报你，或者没有机会回报你，强烈的愧疚感就会让受惠的一方做出极端行为，甚至切断与你的联系。

在与人相处时，要注意以下两点。

第一，在与你的伙伴相处时，应该留有一些余地。适当地保持你们之间的距离，不要倾尽全力，也不要过于靠近对方，应让双方能够保留隐私。比如，你可以在某些时刻对他的困难视而不见，直到他来请求你，你再给予帮助。有时候，对方可能并不希望别人知情，也不希望别人过早地给予帮助，要知道这往往意味着对他能力的轻视。

第二，如果你真的想帮助对方，尤其是你察觉到自己不出手的话，他可能无法战胜眼前的困难，那么，在你投资这份友情时，不妨适当地给他一个机会，让他有所回报，不至于因为这种沉重的心理压力而影响你们之间的关系。你可以提出一些请求："嘿，哥们，我也遇到了些麻烦，而你恰巧擅长这种事，能帮我一下吗？"这样，他会觉得你们之间的共处是平等的，从而能够在你们之间的关系中自由地呼吸，而不是连喘息的机会都没有。

这两点都是非常重要的。

第二章

学生时代
——找到你的"启蒙者"

真正能帮你的人大都是在大学时认识的

2013 年有一部电影叫作《中国合伙人》，在国内票房火爆。有一位华人企业家看完后给我发来短信，讲述他的感慨："李先生，我的第一次创业，就是和几位大学同学一起进行的。我们共同进行了人生的第一次冒险，虽然没有成功，但我们成了一辈子的铁哥们，20 多年过去了，每次我遇到困难，能够无条件地帮助我的人还是他们。"

这一部由黄晓明、邓超和佟大为主演的电影，讲述了改革开放的时代背景下，三个年轻人从学生时代相遇、相识，并一起打拼，共同建立一番事业，功成名就、实现梦想的励志故事。

这部电影为什么如此之火？因为每个人都能从这三个人的身上找到自己熟悉的影子，想起我们的大学时光，在大学时期我们无比纯真，并拥有充满激情的友谊。而现在，就算你认识的人再多，当你真正需要帮助的时候，又能有几个人能够伸手帮助你呢？也许可以这么说：在大学时一定要交几个能真心帮助你的朋友。

如果你在大学时连一个真心朋友都没有，你这辈子是不可能成功的。我很难想象一个过了 18 岁的人还没找到一两个可以互相帮助的"哥们"，如果不是患了自闭症，那就是严重缺乏情商，不具备成功的潜质。

下面我要给你纠正人们关于"大学与成功"的那些误区。

相貌和未来的成功有很大关系。——错误！你看看马云就知道了。

家庭背景跟成功有必然的联系。——错误！很多富翁都出身贫困，他们赢在学生时代或在社会上遇对了人。

上名牌大学的人一定会成功。——错误！不少名牌大学毕业的人只能给别人打工，很多老板都毕业于一般学校甚至没有上过大学。

学习成绩好的人比成绩差的人更容易取得成功。——错误！成功的原因不是在大学时成绩好，而是在大学时拥有更广阔的视野和更活跃的思维。

实际上，在大学时每个人都拥有平等的机会，而在大学里，除了学习，没有什么比交几个真正能帮助自己的朋友来得重要。即便你已经是一个很厉害的人，也要跟更厉害的人接触，向他们学习，他们一定具备一些优异的特质，比如：视野比你更开阔，心胸比你更宽广，眼光比你更敏锐，意志比你更坚定，处事比你更灵活，思维比你更活跃。

作为我的心理学顾问及课程助手，纽曼向人们讲述了一位大学好友是如何影响他的人生历程的："我喜欢这样的朋友，坚持独特的方向并且富有毅力，就如同霍尔博格先生，那位出生在贫民窟的奇才。他有着天才的一面，并愿意帮助那些走近他的人，这是我做不到的，但幸运的是我可以向他学习。"

　　霍尔博格比纽曼小两岁，非常喜欢读书，并利用一切机会进行社会实践。他在哈佛大学时将自己所有的钱一分为二，一半用来买书，一半用来组织各种活动，充分运用每一分钱的价值。有时霍尔博格会缺少生活费，但他很有办法——给哈佛大学的富人子弟撰写有趣的策划方案，诸如如何才能有情调地与女人约会等，一般都会大受欢迎——他售卖自己的才华赚取佣金，这让纽曼大为吃惊。

　　一个穷小子是如何改变命运的？相关的故事我们可以讲出很多，但像霍尔博格这样的人，即便在崇尚个人奋斗的美国社会也很罕见。霍尔博格成了纽曼的理财老师，给他上了终生难忘的一课。重要的是，霍尔博格乐意跟纽曼交朋友，在每一件事情上都倾尽全力帮助他，比如与他探讨怎样让自己的心理咨询小组在校园内扩大市场并实现盈利，以及帮他确立未来的人生方向。

　　来自圣地亚哥的大学生塞奇说："大学意味着什么，是像您与霍尔博格先生的故事启示的这样，尽可能地结交密友并取得他们的帮助吗？"

　　这是一个颇具挑战性的问题，没有人愿意让自己珍贵的学生生涯变得如此功利，但可贵的是——人们对生活的理解总是多面的，我们能从同一件事情中得出完全相反的结论，然后从中选择自己喜欢的观点加以实践。

因此，纽曼回答说："亲爱的塞奇，你要知道自己的人生在不同阶段的重点是什么。小学时我们什么都不记得，而上大学相对于上高中来说则是一段难以想象、完全不同的经历。这意味着转变，对许多人来说，如何适应这种转变，是必须面对的事情。你可能觉得功课相对重要，压力很大，没有人告诉你该怎么做，你可以寻求这方面的帮助；假如你感受到了足够的自由，有时间去体验更多，我们对朋友的要求则可能进行相应的调整。目的总是简单的，重要的是我们的体验。"

你要记住的一件事是，除了学习，大学的另一个任务就是交一些志同道合的朋友。如果你一开始就勇敢地迈出与人交往的第一步，那么可能在某一天，仅仅因为你和几个人交谈了几句、讨论了一些有意义的问题，你从此就拥有了一两位特殊的朋友，他们会变成你几十年的好友。

你需要尽量展示自己的优点，纠正缺点。不要害怕对别人讲话，也不要害怕去倾听。在大学一年级就让自己成为一个别人可以对你打开心扉的人，而不是让人们远远地就对你建立起警惕的防线。

向擅长分析的人学习

学习能力对一个人来说，是必须具备的非常重要的能力。我们从出生到老去，都处于不断学习的状态中。学习也是讲究"技巧"的，有的人轻而易举地取得成功，很大程度上是因为他们掌握和运用了学习的技巧。

由此观之，学习能力更多是通过后天的磨炼获得的。也就是说，如果你想成为优等生，那就一定要掌握学习的技术和窍门。

当然，每个人的学习方法不尽相同。效率是学习的核心问题，也是检验一个人是否具备良好的学习能力的试金石。正如某些武侠书里所说："武术有两种，一种是花拳绣腿要给别人看的，另一种是真刀真枪出战果的。面对强盗的尖刀，哪一种武术更有效呢？这是不言自明的事情。"

小的时候我们总能发现身边的一些同学很努力，很愿意学习，但总是学得不好。这就是学习的效率问题。我们也会发现一些同学非常偏科，只对自己感兴趣的学科认真学习，并且成绩很好。这就是我们通常所讲的——"兴趣是最好的老师"。

在学习的时候，可以试着让左右脑均衡地运转，假如你已经用左脑学习了 20 分钟的数学，这个时候你的大脑已经非常疲惫了，接下来就要用右脑学习 20 分钟的语文，这样才能够提高学习效率。合理分配好你的时间，将会大大提高你的学习效率。这种对学习时间的分配正是分析能力和调整能力的体现。

如今，有很多新闻报道说，学霸进入社会的时候面临着各种各样的困境。"学霸"往往就是学习成绩优异的代名词，他们的成绩最好，可是灵活的实践能力却并不一定很强。当你是学生的时候，你就会觉得成绩好就是一切，其实并非如此。有的时候那些通过苦学和死学获得好成绩的人，在其他很多方面却难以拥有更大的竞争力。

学习成绩好并不一定能和"有出息"画上等号，每一个人都会有自己的闪光点，决定一个人能否闪光的并不是学习成绩，而是学习成绩背后的东西。你必须试着去发现你身边善于分析的人，并向他们学习如何拥有这项能力。

艾伦·格林斯潘曾任美联储主席，那时他一手掌管了美国的货币发行、利率、国际金融流通等重要工作。曾经在一段时间内，美国的股市总是因为他的一句话而上下波动。从克林顿政府到布什政府，格林斯潘的名字在全球金融界和企业界无人不知。当然，他还有另外一个称谓：举世无双的经济学家。

格林斯潘毕业于纽约大学，当年教过格林斯潘的一位教授回忆说："当时他还不能算是好学生。有点傲慢，不怎么用功。格林斯潘并不怎么聪明，知识也不多，还缺乏人情味，经常当着大家的面斥责自己的同学，使他们下不来台。当然啦，学生时期嘛，谁都可能傲慢。他现在可不是那样了。上了岁数，见多识广会有长足的进步。"

　　格林斯潘在大学时期虽然成绩不太好，不太会交朋友，但重要的是他掌握了学习的技巧，虽然他营销学并没有学好，但是在学其他领域的知识时却能很快地领会。学习的要义在于除了要学自己感兴趣的内容，还必须要见多识广，把自己所学的知识整合起来，为我所用，只有这样，才能够真正拥有学习的能力。

　　直到现在，艾伦·格林斯潘依旧是纽约大学的骄傲。每一位纽约大学的学生，都为有这么杰出的校友而自豪。每年招生的时候，学校也总会把他的名字排到前面以吸引更多优秀的学生加入。从格林斯潘的身上，或许我们能够理解，应该向擅长分析的人去学习，而不是仅仅向成绩最好的人学习。

　　你知道吗？在中世纪，音乐是属于数学的。不管是自然科学还是社会科学，事实上彼此之间有着非常紧密的联系。世界最好钢琴品牌的创立者斯坦威先生曾经做过一项调查。这项调查旨在发现音乐与学习成绩是否有联系。根据他的调查，学习过乐器的孩子往往语言组织能力和数学推理能力比其他的孩子更强。一般来说，学过音乐的孩子的学习成绩也比没有学过音乐的孩子要好。

　　这就能证明，学习音乐对孩子来说是可以提高学习能力的。事实上，只要孩子们不觉得厌倦，一般的家庭都愿意为孩子购买乐器让他们练习，这对学习是很有好处的。

　　曾经有人把音乐当作数学来学习，一边从数学的角度分析发出来的声音，一边看着乐谱的音符来按键。用数码或者图画来分析声音，这样有利于代数或几何的学习。事实上，音符是让你用指头表达一种感觉的指令。它是一种语言符号。这种理解语言符号的能力，日后就会成为学习英语、法语等语言的基础。

另外，如果小时候学习过钢琴或其他乐器，也有利于养成良好的耐心和意志力。

用最简单的话来说，学习就是多问自己几个"为什么"。亚里士多德所说的"为什么"最能表现人的好奇心。科学是什么？科学就是一边观察世界，一边提出"为什么"。"认识论"就是通过"纯哲学"提出的"为什么"，"纯哲学"又是通过"显像学"提出的"为什么"，那什么是"显像学"？那就是一边观察科学现象，一边提出问题。而在其中，最为关键的一环就是能够提出"为什么"。

我们问自己"为什么"，便是满足自己好奇心的过程。我们所谓的学习，就是不断地满足自己的好奇心，提出许许多多的疑问，然后再寻找一个一个的答案的过程。人的认知能力是受自身局限的。既然我们生活在这个世界上，那么所有疑问的答案都应该存在于在我们周围的各种现象里。

看看你的身边，有没有擅长提出"为什么"以及自己找到答案的人呢？如果有，多和他们交往，哪怕他们总是与世俗格格不入。通过和他们交往，你也许能收获意外之喜。

为自己找一个好老师

有的人愿意自己摸着石头过河，有的人愿意交过路费上高速公路。通往成功的路有很多条，有句话叫"条条大路通罗马"，既有复杂的路，也有简单的路。区别在于，你自己愿意选择哪一条路呢？

通往高速公路的方式之一，就是找一个适合自己模仿的老师，让一位有丰富经验的老师教你一些重要的方法或提供给你宝贵的经验。在人生的某一个阶段，为自己选择一个好老师是十分重要的，你能从他（她）身上学到一些已经验证了是成功的东西，而那些东西可以为你所用。

"股神"巴菲特在没有成为"股神"之前，也只是在费城交易所看经济走势图表和打听小道消息的小散户。他每天只是重复做一些技术分析之类的工作，和那些没有成功的投资者一样，他并非一开始就会购买股价翻10多倍的可口可乐的股票，他也需要学习和观察市场，为自己寻找一个指路的人。他和其他投资者一样，并与他们处在同一起跑线上。

如果巴菲特止步于此，那他很可能到现在还只是一个小散户或者已经破产。但是他最终成了"股神"，并且确定了自己的投资风格和交易体系，其中的关键就在于巴菲特从来没有停下学习的脚步。他先是申请跟随价值投资大师格雷厄姆学习，1957年又登门向知名投资专家费雪求教。

后来，巴菲特将格雷厄姆和费雪两者投资体系的特长相融合，形成自己的"价值投资"的投资体系，在实践中不断探索，最终成为一代投资大师。

一定要记住，最快的学习方法，不是自己闭门造车，发明一套自己的东西，而是按照大师们已经验证过的成功的方法去做。当然，你要学会的则是和你的老师做朋友。

每个人都会有朋友的，但关键是你能吸引什么样的人成为你的朋友。你身上所具备的感染力越强，你便越容易吸引优秀的人成为你的朋友。

同时你要记住，你要为自己寻找一位导师。导师就如同你的私人教练一样，可以让你变得更优秀，并且能够给你提供比较个性化的帮助。一个好的导师往往对你的工作或者事业有很准确的认识，并且能够在关键的时候给予你一些指导。

但是，导师也是分级别的。如果导师的级别不是很高，那么他们就有可能看得不是非常远，容易只见树木不见森林。相反，如果导师的级别太高，那么他们也不太容易从你的立场和角度来看待问题。最好的导师应该处于二者之间，既能够给你提供有用的帮助，也能够从你的立场出发来看待问题。

一般来说，导师有三种不同的类型。

安慰型

这类导师的优势在于倾听。通常情况下，当你遇到困难时，可以给此类导师打电话。他们会同情地听你诉苦，会借个肩膀给你来靠。他们能在倾听你诉说的同时，帮助你找到解决问题的方法，给你信心与希望。你可以放心地把自己的心事完全交给他们，你在倾诉完之后，就会感觉好很多。

解决问题型

这类导师的优势是他们分析问题和解决问题的能力。通常情况下，他们会问你一些问题，然后与你一起分析问题，并且帮你找到多种不同的解决方案，再倾听你的回答，帮你挑选出最适合的一个。正所谓"授之以鱼，不如授之以渔"。一位真正好的解决问题型导师会教你自己想出解决方案，当下次遇到问题时你会知道如何自己来解决。记住，最重要的是学会解决问题的方法。

鞭策型

这类导师的优势在于能够激励你和鞭策你。每一个人都会有自满或者懒惰的时候，这时，这类导师就会来鞭策你、激励你，并且提醒你牢记你的目标。虽然他们有时候很严厉，但是这类导师相当重要，尤其是对那些缺乏自律和勇气的人来说。你要记住，导师的鞭策只是外在的推动力，真正内在的动力来源于你对实现自己目标的渴望。从这个意义上说，树立目标至关重要。

虚心向导师学习

人的一生都在学做人，学习做人是一辈子的事，是永不会毕业的。我从没听说哪个人敢自信满满地讲他不需要学做人了，越是有很高成就的人，越明白自己在品德方面仍然需要提高，他们会始终保持一种谦虚的态度。

一位好的人生导师，可以把你领进这间教室，给你找一个靠前的座位，让你听到最有用的知识。从他的身上，你不但能收获生存的技能、人生的理想，还可以逐步使自己具备一些高贵的品格，这比世界上最厉害的技能还要重要。

学会认错

认错是一种良好的行为，具有打动人心的力量。有的人经常不肯认错，而且死不承认错误。不管做错了什么事，他们都觉得是别人的错，他们认为自己才是对的。恰恰是这种人，很难被人们接受，也不容易取得成功。

能够认识到自己错误的人，通常都能表现出很大的度量，至少在别人眼中是这样的。认错代表着谦逊，也意味着他们可以接受别人的正确意见，是很好沟通的人。我们要学会认错，勇于认错，并纠正自己的缺点。认错的对象可以是自己的父母、朋友、上司、客户，甚至是自己的孩子，乃至陌生人。

保持平和

平和是什么呢？就是柔软。有时候，越是柔软的东西，越是最强大的武器。比如，人的牙齿是硬的，舌头却是软的，往往到了老年，牙齿掉光了，舌头却还在。再比如，棱角分明的石头放到水中，水围着它流来流去，早晚把石头磨圆。这两个例子都很形象，说明柔软至刚，坚硬却未必坚强。

做人也要讲究柔，要平和。好的老师一定会告诉你这一点，平和并不是一味的柔软，而是不要太偏执。只有做到淡定和无欲，懂得变通，知道如何进退，克制自己的欲望，我们才算具备了强大的力量，我们才能活得快乐和长久，才能交到更多、更好的朋友。

学会宽容

宽容不是叫你一味忍让，也不是让你放弃自己的原则，而是告诉你：当别人犯错时，不要过于计较。有了宽容的品德，我们就能够原谅他人犯下的某些错误，给别人留下一条退路，给别人一个机会就是在为自己的将来制造更多的机会。

生活中许多人是没有这个智慧的，他们不懂得宽容，也绝不轻易原谅他人，他们抓住别人的一点点错误，就追究到底，定要置对方于死地。结果呢？双方结成仇敌，斗争到底，你死我活，最后渔翁得利，两个人都没有好处。

宽容是一种为自己创造盟友的大智慧。学会了宽容，你就拥有了吸引盟友的强大吸引力，就像吸引力法则所讲的那样，人们会被你美好的品德所打动，自愿向你靠拢，尤其是那些优秀人士，他们都愿意走到你的身边，来壮大你的力量。反之，不懂宽容的人就像一块冰冷的岩石，只会让人畏而远之，这样的人也只能孤独地经营自己的生活了，没有什么人愿意帮助他们。

学会沟通

人与人之间若缺乏沟通，就容易产生是非、争执和误会。这个世界上，很多纠纷都是由于沟通不畅引起的。因此，需要向自己导师学习的最重要的技能之一，就是沟通。

沟通的基础，不能是功利性的"我要从对方身上获得什么"，而是要抱着相互了解、体谅、帮助的目的，来换位思考和进行信息的交换，最后达成一致。

这样的沟通才是有效的沟通。

学会放下

"过去"太沉重了，就得放下。我们从很小的时候开始，就在不停地放下过去了。过去总有一些伤心的事情，总有一些解不开的结，如果你不能放下，你就会觉得越来越沉重，回忆就不再是一种幸福，而是一种痛苦，它使你活在过去，不能轻松地面向未来。

找到一位老师，看一看他是如何对待过去的。要把人生视作一场自由、轻松的旅行，我们看过的风景，已经过去了不要再挂在嘴边说个不停，把眼光放长远一些，多关注一下明天，珍惜我们的现在，这才是正确的人生态度。

学会感恩

当别人帮助了你时，你要懂得感激，记住对方的好，这就是感恩。现在，越来越多的人不懂感恩，这是由于自私。他们觉得受到别人的帮助是应该的，他们还嫌别人帮得不够多，至少他们受之心安理得。有些人正是怀着这种心理，才无法在自己的工作和生活中达到应有的高度。任何事情，都是有其因果的。

我从李嘉诚先生身上学到的很重要的品德，就是感恩。因此，我一直把他视作自己的人生"启蒙者"。李先生记得每一个帮助过他的人，自己也以帮助别人为乐。这就是感恩的最高境界。现在，我也很努力地兑现自己的每一个诺言，去感恩帮助过我的人，也努力地想办法让别人过得更好。我希望每一个人都能够这样，如此我们的世界才真正充满了正能量。

如果能学到上述六点，我们也就学会了如何做人，能够为自己的一生打下坚实的基础。

人最难得的是真诚

在最初的 20 年中，我从老师那里学到的最棒的本领不是如何考到 100 分，而是怎样去表现我的真诚。只有真诚才能打动人心，让别人对你推心置腹；也只有真诚，才可以让你体会到什么是这个世界上强大的力量。

真诚首先体现在诚实上，自己有多少本事，就使出多少本事，无论成功也好，失败也罢，总比弄虚使诈赢得一时的成绩要好。比如，有的人只能考 70 分，为了取得好成绩，非得带小抄进考场，或者抄袭其他同学的试卷。这就是不真诚。还有的人为了讨女朋友欢心，向她许下很多根本无法实现的诺言，骗她跟自己在一起，这就是很恶劣的不真诚了。

这些手段只有一时的效果，时间会终结它们的。随着年龄的增长，我们总是能够越来越深刻地体会到真诚的力量。年轻时犯下的错误，大多都与不真诚有关；年长后取得的成绩，大多都来自一颗真诚的心。

人在年轻时就要学会辨别哪些人是不真诚的，然后与之保持距离。不要让这些人成为你的"人生导师"，否则你的一辈子可能就毁掉了。要懂得靠近那些不鼓励你弄虚作假和能够与你推心置腹的人，也要尊重那些不顾及你的面子，对你提出深刻批评、指出你的缺点的人，他们都是真诚之人，他们身上都有值得你学习的品质。

有位女孩曾经不解地说："李老师，我发现自己一说实话朋友就会翻脸，说假话的时候她们才高兴。这是为什么？"不少人喜欢听假话，不想听真话，至少"不真诚"在表面上看起来是很有市场的。如果交到太多喜欢虚荣、不能接受现实的"朋友"，我们就会跟着他们一起迷失。

真诚的力量当然是非常强大的，你和陌生人之间本来是隔了一层的，双方会有所提防，他害怕你骗他，你也担心他有什么不好的想法。但是，你率先表现出来的真诚会让对方怦然心动，他强大的心理防备就会为之慢慢放松。相信我，在人际交往中一定是这样的，率先拿出真诚态度的那个人，往往会在社交中占据优势，展现出强大的人格魅力。

从古到今，谁也拒绝不了真诚之心。真诚代表着我们的内心是纯正的，目的是无邪的。这种内在的力量，能迅速让别人体会和感觉到。可以主动地表现自己的真诚，让它更加淋漓尽致，富有张力。例如，我们可以通过自己的表情、眼神、语气，让对方看到自己的真诚之心。

也就是说，我们不但要让真诚自然地显露，还要善于把它主动表现出来，让它迅速产生效果。

对此，史密斯的经验是："假如你是一个观察力很强的人，你会发现那些人际关系处理得很好的人，大多都是谦虚平和之人。他们说话、做事都富有魅力，温和有礼，平易近人，可以让别人在不知不觉中被他们感染，接受他们的观点，他们很真诚，从不回避问题。与之相反的是，有的人把生活、工作搞得一团糟，他们言行不一，盛气凌人，显得城府过深，给人一种十分虚假的感觉，让人留不下好的印象。人们对后者，都是惧而远之的，我们都不希望有这种朋友。"

史密斯在课程中给学员讲了一个故事。在我们为纽约一家公司准备的产品发布会上，有一位《纽约时报》的记者受到了良好的接待，公司希望他在报道时给予足够的重视。这是非常正常的媒体公关行为，所有的公司在自己发布产品时，都会对到场的记者给予足够的"笼络"，期望能得到照顾。

但是几天过去了，我们仍然没有在《纽约时报》的商业版面看到这篇"期待之中"的新闻报道。于是公司就派出了琳达小姐去负责此项工作，当天她就碰到了《纽约时报》的这位记者。她在处理这件事时的表现，决定了该公司是否能得到这位记者的帮助。

下面，是两种不同的态度会产生的不同结果。

态度A：琳达对于记者坦然接受了公司的招待，拿走了礼品，但又不进行回报的行为十分气愤，她耿耿于怀，此时见到了他，不想放过他，就当众对他进行责备："喂，我的大记者先生，您拿了红包，却不发稿啊！现在都三天了，你有什么要对我解释的吗？"

琳达说的未必是假话，也许这位记者确实还没写稿。但她这种沟通和交流太不真诚了，给人一种居高临下的感觉。这样的责怪一定会让记者无所适从，并且在这么多人面前遭受羞辱，谁也受不了。记者头也不回地走了，稿子也不可能再登上《纽约时报》的版面了。

态度B：琳达虽然很生气，但她仍然强忍怒气，主动地上前打招呼："嘿，大记者！听说稿子还没发？没关系，现在做成一些事情太难了，总有许多不可预测的阻力吧？我们公司很感谢您的努力，给您添了不少麻烦，欢迎下次到公司坐坐。"

琳达的第二种态度就显得非常真诚，既告诉对方这件事还没做成，道明了事实，没有回避，又表示了公司的看法：没关系。幸运的是，我们派出的专员琳达女士非常优秀，她采取的正是第二种做法。琳达不但及时地表达了问候，而且站在对方的角度考虑问题。

《纽约时报》的商业版记者在真诚攻势下"一败涂地"，他本来预备的无数种反击策略一样都用不上了。记者见琳达不仅没有责备自己，反而还宽慰他，心中愧疚，于是赶紧保证，回去就把稿子写好，争取次日见报。

第二天，该公司新品上市的新闻报道就出现在了《纽约时报》的重要版面上。琳达的这种真诚的态度其实是不难做到的，人人都可以以真诚示人，但为什么做到的人不多呢？我们平时与人打交道的时候，总以自己的利益为先，就会导致在生活和工作中和别人不断地发生摩擦，既办不好事情，也无法为自己树立一个良好的形象。

如果我们遇到一位可以让我们变得真诚的老师，千万不要错过。这是我们能够经营好自己一生的宝贵的品质，它直达人心，是这个世界上强大的力量。

躲开消极的"启蒙者"

并不是所有的"启蒙者"都是合格的。你不要以为只要是个"老师"，就一定能帮你解开内心的困惑，在某些方面给予你积极的指导，甚至替你指出一条康庄大道。事实上，的确有人可以把你引向光明，让你变得更加强大；但有的人就只会拉着你一起抱怨、喋喋不休。

这个世界上有上述两种人生导师，但后者并不会给你提供让你奋发向上的动力。对于这类人，我用三个字来形容：盗梦者。没错，他们盗走你的梦想，让你无法进步。

他们对你毫无益处，因为你积极的念头和美丽的梦想都会遭到他们的打击。他们总是贬低你的想法，嘲笑你的努力，还会不断地告诉你："很多事情努力是没有用的，你的想法太天真了，别傻了……"

"那么，我应该如何是好？"

当你希望他们提出富有建设性的意见时，你不会从他们的嘴里听到一个字，他自己也不知道该怎么办，他们只是将自己的怨气通过你发泄出来。

我们每个人都遇到过这种人，他们有的是老师、大学教授，有的是工作中的前辈，还有些是我们的亲密朋友。当你向他们请教问题或者他们有机会向你兜售人生观点时，一定是把这些生活垃圾倾倒出来，全是消极信息，停都停不下来。

很多我们视为精神启蒙者的人，在向你灌输某些观点、某种世界观时，你一定不知道真相到底是什么。你尤其要警惕那些向你抱怨的家伙，他们可能一说话，就开始"倒垃圾"。对这样的人，不管他们是否学富五车，最好都离他们远一点。这些精神垃圾害人不浅，还有可能误人终身。

从他们口中说出来的消极话语，会在无形中误导你将来的选择，把你的生活变得十分糟糕，甚至影响你的心态。因此，绝对不要和这样的人来往。

总的来说，这种人以下这些做法都会对你产生消极的影响。

1. 在你遇到问题时，不是教你如何解决问题，而是引导你怎样抱怨。

2. 总是灌输给你消极的价值观，容易导致你放弃理想或对要做的事打退堂鼓。

3. 不是教给你解决难题的技能，只会喊口号，让别人来解决问题，自己成为旁观者。

4. 偏颇地理解"自由"，让你成为一个自私而不懂得担负责任的人。

5. 忽视集体利益，并把此观念灌输给你。

……

我们通过多年的研究，发现很多人经常受到消极情绪的影响。人们犯下错误，有时不是因为自己想这么做，而是因为有一个不称职的老师教他们这么干。他们从老师那儿学到了一些东西，觉得做一些错事是正当的，不必心有愧疚。

一个好的启蒙者，或者说称职的人生导师，应该鼓励我们对人生抱有积极的想法，并去不断地尝试新鲜事物。跟这类人在一起时，你是积极的、轻松的，也是没有压力的。如果你的身边有这样的朋友或者亲人，你应以他们为师，多花时间与他们相处，从他们身上学习和接受这样的力量。

和他们相处的时间越长，你对于自身的评价就会越高，自信心就会越强，你也会朝着积极的方向努力，成为一个能够乐观地看待生活和勇敢地接受挑战的人。凡是可以帮助我们融入社会的人，都应成为我们的导师和思想的启蒙者。你要多和这类人接触，并让他们融入你的圈子，和他们建立精神上的链接。

这就是为什么在我的公司，我和史密斯总是小心翼翼地挑选每一名员工。我不是只选那些技能优秀的人，我还要参考许多其他重要的指标。在这个世界上，技能突出的人到处都是，我们不用担心找不到有技能的人。更重要的是，我们需要一些具备良好态度和富有责任心的人来一起共事，实现共同的理想。

什么样的人能带给我们积极的影响呢？我们来看看以下几条。

1. 不满足于现状，总能看到自己的不足，然后去学习和充电。

2. 将遇到的障碍视为挑战而不是问题，从不逃避，而是积极地想办法应对，在此过程中锻炼和提升自己。

3. 愿意付出努力去帮助和鼓励别人，而不是打击他们。

4. 富有责任心，重信讲义，在关键时候不退缩，能够迎难而上。

5. 不但让自己变得更优秀，还要让自己变得更乐观、更热情。

6. 不自私，愿意与别人分享自己拥有的东西，也愿意看到别人取得成功，具有良好的协作精神。

你一定要为自己寻找这样的启蒙者，他们不仅比你强大，而且比你富有人格魅力。他们可以提供给你快速成长的途径，激发你的潜能，让你变得更加理智和自信。

可惜的是，不少人经常做出相反的选择——选择一些庸俗的人作为朋友。这不仅不利于成长，反倒会让他们也走向平庸。如果你要成为不凡的人，超越过去，成为更好的自己，就必须避免犯这样的错误。

建立你的"个人品牌"

一个人在生活和事业上能取得多大的成功，能获得人们多大的尊重，其实在他的学生时代就可以看出个大概了。有句话叫"三岁看大，六岁看老"，其实不是太准确的，我的观点是，在 12—22 岁这 10 年的时光中，你如何来打造和经营自己，你向谁学习，以及学到了什么，更能决定你的一生是什么样子。

在未来，你是一个富有个人魅力的人吗？你是一个忠诚守信的人吗？你是一个勇于冒险、极富创造力的人吗？当你还是学生时，这些带有"个人品牌"的特质就已经强烈地体现在你的言谈举止中，并会对你的未来产生深刻的影响。

个人品牌 = 价值标识牌

个人品牌是指一个人通过内在的涵养和外在的形象之综合体传递出来的信息集合——包括独特的、鲜明的、确定的和易被感知的具有强烈个人色彩的信息符号，是一种能够展现自己并决定别人对你的认知的力量。

一个成功的个人品牌，不但具有整体性、长期性和稳定性这三大特性，还具有以下三个基本的特征。

- ○　独特性：具有独一无二的个性
- ○　相关性：身上有别人认为十分重要的东西，是人们仰慕或渴望拥有的
- ○　一致性：与别人长期观察到的优点具有内在的一致性

进入 21 世纪以来，最好的生存法则就是建立个人品牌。有了优秀的个人品牌，就更容易取得优异的成绩。品牌不但是企业或产品的专利，也是个人竞争的利器。无论你是在什么样的组织里面，要让人们认识和接受你，你要做的都是充分地表现出自己的个体价值。

你埋头工作却没有人知道、看到、感受到，你的杰出表现就会被其他铺天盖地的信息淹没，甚至很多比你能力差的人因为擅长表现也能获得比你更多的回报。要想推动我们的个人成功，要想拥有幸福的生活和成功的事业，我们需要学会适当地营销包装，把自己当成一个精致的商品，建立起自己鲜明的"个人品牌"，并且让大家完全认可。只有这样，我们才能拥有持续发展的事业，才可以成为别人研究和效仿的对象。

从本质上讲，个人品牌其实是别人对你的看法，建立在你和他人发生某种关系时他们所产生的认同感的基础之上。为自己建立优质的个人品牌，就是把蕴藏在自己身上的最有价值的部分释放出来，把它扩大化、精美化，像广告那样植入人们的脑海，使它成为我们身上闪光和不可替代的极富吸引力的东西。

在学生时代，我们有两个主要任务，第一个是增加知识的积累，第二个就是建立自己的"个人品牌"。为了实现这个目标，你不仅需要努力学习那些文化知识来武装自己的头脑，还要注重自己整体素质的提高。学校是学习知识的地方，也是生活的排练场，让你用心学习，也让你演练未来，在这个过程中让你不断超越自我，获得提高。

思路和观念

学习成绩决定你未来的职业？答案是：不！

有些人在学生时代成绩优异，步入职场后却趋向于平庸和模式化，并且很难取得较大的人生突破。

相反，有些在学习上并不具备优势的人，毕业后经过一段时间的奋斗却会取得傲人的职业成绩。在调查中我们发现，很多亿万富翁和职业经理人都是学校里的"不安分分子"，他们在学习上并不突出，但总有新奇的想法和创意。10 年后当你再遇到他们时，他们很可能已经成为你的老板，或者已经拥有了万贯家财，成为一个典型的成功人士，而你还需要用 20 年以上的时间才能达到他们今天的高度。

两者的区别在哪里？

这些学习成绩不好的人，虽然没有把心思放在书本上，却提前锻炼了自己的思维能力，或者说他们提前碰到了自己的思想启蒙者，拥有了好的思路和观念。他们不会死记硬背，却擅长分析；他们不会僵化地答题，却能够灵活地制订自己未来的人生规划，并且可以脚踏实地地去实施，具有很强的适应能力。

可以这样说，思路决定你的出路，观念决定你的未来：你有什么样的观念，就有什么样的人生。

提高情商

在学生时代就有意识地提高自己的情商，你将借此完成一次升华。要想提高情商，你要懂得控制情绪、换位思考以及用长远的眼光看待问题，增强自己的意志力。这是一个人成功最重要的基础，也是赢得人们尊重的前提。

在现实生活中，大部分人认为聪明、智商高、学习成绩好的学生将来一定会有所建树。但大量真实的案例表明，如果你只是注重智商，忽略了情商，你就只能成为一个"高分低能"的雇佣工型人才，只能被支配和驱使，像螺丝钉那样成为流水线上的一部分，缺乏独立思考能力，自然也就没有更上一层楼的潜质。一个自身没有太多价值的人，即便遇到了自己生命中的"启蒙者"，也很难有根本性的改变。

在社会各个阶层我们都可以看到，很多在学校时很用功并且学习成绩优秀的学生，走出校门后却一事无成（当然，并非所有人都如此），平庸者大有人在；有一些学习成绩不太好、但在情商方面表现优异的学生，因为建立了自己独特的个人品牌，带着极强的个人魅力走进社会，反而能够在事业上取得较大的成功。

我的忠告就是：在学生时代，找到一位"非智力"启蒙者是非常重要的，让他帮助你完成情商的提高，学会思考而不是仅仅背诵问题的标准答案，你将受益终生！

第 三 章

毕业头三年，
每天和谁一起工作很重要

同事的水平影响我们的进步

你怎样评价自己的同事

对于这一话题，我们的调查结果很不乐观，因为调查员从人们的口中听到的大多是对同事的抱怨或嫉恨。从曼哈顿到上海街头，人们对与自己每天共事的人不乏负面评价。

"两天前就可以完工的任务，他非要追求完美，不就是想抢功劳嘛！"

"成事不足败事有余，就会拖我们的后腿，真是不想再和他合作了。"

"他整天就知道拍马屁，真本事一点也没有，能力也就那么回事。"

"他这么快职位就升上去了，很有可能有关系。"

……

工作中，总有一些人是让你很讨厌的，而且你每天还要和他们面对面。面对低头不见抬头见、避之不及的"坏"同事，怎么办？为什么不换一个视角来想一个重要的问题：在你刚开始工作的前几年，一个好同事其实是你非常需要的好朋友和好老师，你为什么不为此做点什么，和自己的同事们搞好关系呢？

不得不说，我们总是缺乏选择同事的能力，总觉得身边充满了"坏"同事，恨不得他们离自己远点。如果你把希望寄托在"坏"同事离职、消失上，问题在相当一段时间内是得不到解决的。你只能换一个角度——我们不能决定谁是自己的同事，却能够选择与什么样的同事共事。

这一章的话题就是：学会挑选你的工作伙伴，并学习他们身上优秀的品质，来帮助自己不断成长。

你喜欢老好人吗

工作中一般存在两种人：好人和能人。有的人是老好人，他们很会处理同事关系，工作能力一般，却也不得罪什么人，能够赢得好口碑；还有一种人能力特别强，不擅长搞人际关系。他们习惯用实力说话，用业绩生存，但很难与人相处，有点特立独行的意味，就像独行侠。

这是我的第一个问题："面对好人和能人，如果让你选，你会跟谁做工作伙伴？"

让我们来看看写字楼里的人们针对同事的能力和为人是如何评价的。

"他这个人太粗心了，总犯低级错误，连累我好多次，真是太让人无奈了。"

"他确实很难缠，总爱板着脸，不苟言笑，我们都对他的严苛痛恨极了。但不得不说，他做的工作很完美。"

"虽然他有点年轻气盛，工作经验不足，但是个挺好相处的同事。"

"如果我在人事部，他早在一年前就被开除了，他真是又骄傲又令人讨厌。"

这是人们对于怪脾气的人的评价，看得出来，多数人都想跟老好人打交道，毫无疑问，和他们一起共事，没有多少心理压力。现实中的确如此，你我对那些温和派的第一印象超好，乐意与之相处，但对那些怪脾气的能干分子则保持警觉，好像他们全身都是刺，碰一下就会流血。

不过，针对这个问题，股神巴菲特给出了这样的建议："一开始就要有这样的念头，我喜欢这个人。然后，毫无疑问一切都会顺利的。"

这个观点是说：如果你想找到好的生意伙伴和建立良好的业务关系，首先要喜欢对方，这样才可能有好的结果。你只有率先表达出自己的善意，才能赢得别人的尊重，无论对方是"老好人"还是"很难相处的能干的家伙"。有时候，越是具有怪脾气的人，越是才华横溢，能够让你学习借鉴的地方也就越多。

在一次课程中，我说："如果你不试着摘走那些刺，你永远无法拿到一束芬芳的玫瑰，为自己赢得一位好同事的青睐也是如此。"

《哈佛商业评论》有一期曾针对"我们愿意同什么样的人一起工作"这个主题做了研究和讨论。通过一个实验，人们发现，我们都想要两者兼具的同事——既要有出色的工作能力，同时还令人感到愉快。那些让我们讨厌而且还没有能力的人，是我们最不愿意与其共事的。

以上当然是最佳的期待，但现实中人们并不会满意，因为很少有这样的人。这会影响我们对待工作的态度吗？如果你总是碰不到完美的同事，你的心情大受影响，又如何调整呢？

360 公司的老板曾经说过一句话："我们一定要像打游戏一样工作。"我推荐的就是游戏心态，要把工作视作一个严谨的游戏，你不但需要充满激情地自我激励，提升自己来完成目标，还需要具备一种通过改变自身来配合队友的心态，你要容忍优秀队友的缺点，来获得他们的帮助，同时你也要提供自己的价值。

在职场中也是一样，你可以只喜欢老好人，也可以挑战那些难缠的同事，但在这个过程中，一定要遵守一个基本原则：无论他们是哪一种类型的人，你都要先看到对方的优点而不是缺点。

好同事和坏同事

如果你已工作了三年以上，你一定知道什么是好同事，什么又是坏同事。同时你也一定清楚地知道，一个好的同事会成为你的福星，而一个坏同事则可能一直给你制造麻烦。

我们常说"近朱者赤，近墨者黑"，跟什么样的人在一起，慢慢地，你也会变成那样的人。工作中，总有些拖后腿的人、喜欢搬弄是非的人、浮夸草率的人，如果你总和这样的人共事，毫无疑问，他们一定会影响到你。从某个角度来讲，他们的水平也反映出了你的水准。

如果你有这样一个同事，他水平不如你，能力不如你，却擅长搬弄是非，喜欢抢风头，且常在上司面前说你坏话，你该怎么办呢？

值得指出的是，打击报复和针锋相对都是不可取的，大家要长期在一个屋檐下工作，用对峙的方式解决问题，只会让问题更加严重。而且，你再用这样的方式回击的同时，你就变成了他，你的水准就降到了和对方一样低。

我建议你采取下面的做法。

1. 不要盯着对方的弱点不放，转移视线，关注他的优点。始终存有这样的认知：尺有所短，寸有所长。对方缺点的放大对自己就是警示——我一定不能成为他那样的人。但他的优点是我所不具有的，我仍然需要学习。

2. 我相信正当的竞争，也相信正义和公平。争强好胜的心思人人都有，如果有人过于表现出这一点，那他一定是自卑的，所以才会企图通过阴谋手段而非工作能力赢得尊重。我对此表示同情。

3. 从大局出发，不争一时的高低输赢。同事毕竟是一种因"利益"而生的关系，如果因此争斗，最后不仅会影响工作，自己也会筋疲力尽。退一步，或者换种方式尽量与之处好关系。

4. 相信你的上司。你的上司之所以能坐在如今的位子上，起码的看人、识人能力还是具备的，你要相信他，也要相信自己。"路遥知马力，日久见人心"，也许坏同事能够蒙蔽一时，但最终总会露出马脚，到那时候，是非自有定论。

工作中，我们很少有机会靠自己的单打独斗获得成果，说白了，很多事都要与同事合作完成，能否与同事和谐相处，直接关系到工作、事业的发展，对你的整个职业生涯都会产生影响。

学会与同事相处，做一个令人愉快的人，同事彼此之间都会感到融洽，这样有利于工作的推进，也便于大家相互了解，工作也更有默契；反过来，如果同事关系紧张，每天互相看着不顺眼，相互拆台，摩擦不断，非但正常的工作难以进行，也会影响自己的情绪。

那么，如果同事的水平跟你的期望有差距，你该怎么面对？

拿踢足球来说，每个人对足球的看法和理解不同，踢球的技术水平也千差万别，这就导致踢球的时候非常没"默契"，有的人就成了其他队员眼中"猪一样的队友"。

工作也是如此，就算是一支精英强队也总会有一个人偏弱。你要做的就是做好自己。

首先，尽自己最大的努力，发挥出你应有的水平，同时耐心、友好地帮助其他队友，给他人以信赖。

其次，如果有可能，尽量换一个人来跟自己合作。当然这是没有办法的办法，在一般情况下我们不会急于采取这种办法。

选适合你的行业，才能遇到可以帮助你的人

"我找不到自己喜欢的职业，我觉得我应该自己创业。"

很多人都对我表达过类似的想法，我当然是赞成年轻人创业的，人这一生总要活得精彩一些，尽可能释放自己的能量，创业就是人生中可以创造精彩的一个机会。但是做一番事业并不容易，也并非人人都能创业成功。

为什么这样讲呢？因为创业需要太多的前提条件。

第一，对专业知识的高要求。

第二，和他人分享利益的胸怀。

第三，对行业精准的判断力。

第四，具备基本的商业操作原则和商业运作知识。

第五，具有很强的领导力。

第六，具有冒险精神。

你看，这就是问题。每个人都想自己当老板，可老板并不好

当，十万人之中也只能有一个成功的老板（也许比这个概率还要低）。对多数人而言，当你觉得自己无法拥有上述做老板的品质时，就只能选择次优道路：找一个适合自己的行业，好好发挥自己的优势，尽可能取得更大的成就。

很多人选择行业的方法并不正确，他们经常入错行，然后引发一系列不良反应。我们经常看到那些工作不顺心的人抱怨没有人帮助自己，身边全是自己瞧不上的人（当然也可能是别人瞧不上他们），他们缺乏同伴，也找不到同伴，因此郁郁寡欢，毫无工作的干劲。

对于自己为什么会选择某个行业，人们有着不同的理由：

"我也不知道自己能干什么，有份工作做就不错了，稀里糊涂我就干了这个。"

"我选择这个行业是因为它看起来蛮有趣，至于具体工作内容是什么，我也不是太清楚，当然未必喜欢它。"

"我父母希望我将来从事这个职业，我就选了这个职业。"

"这份工作赚钱多，来钱快，我当然选择这个职业喽！"

人们在选择自己职业的时候，往往都忽视了自身的实际情况。你的兴趣是什么？你擅长做什么？你对这个职业有热情吗？如果仅仅是参考了别人的意见或者迫于生活压力就草率选择职业方向，是不正确的。

我的建议是，在你选择一个职业的时候，首先要尊重自己的想法，其次才是考虑他人的意见，最后结合你的自身特点来做出正确的决定。只有在一个你能够如鱼得水的行业中，你才能真正地遇到一位可以帮助你的人；反过来说，只有你喜欢这个行业，别人给你的帮助才能起到实质性的作用。

第一，抛开成见。

我们学到的很多经验和方法来自他人的"指导"，这些"指导"中有很多并不适合你，有的甚至是错误的，如果不假思索，盲目相信和接受他人的意见，就会对自我做出错误的评价。比如，有的人会有一种不正确的想法，"我很喜欢做某种工作，可是别人说……"

第二，不要过多地考虑收入问题。

有人会把行业划分为高端行业和低端行业，所以就有了高端行业赚钱多、低端行业不赚钱的说法。其实这是不正确的，任何一个行业，只要付出了足够的努力，总有人会走在前面，他们是这个行业甚至整个社会的领军者。只要你有激情，肯努力，不管在什么行业里都会获得很多。

第三，保持足够的清醒。

如果有人说"我觉得你擅长这个，不擅长那个"，不要完全相信，别人毕竟是别人，无法完全了解你，你应该看清自己，关注自己真正的兴趣所在。生活中有太多令人惋惜的案例：画画很好的孩子被逼迫从医，因为家里人认为画画没有良好的收入；热爱踢足球的丈夫被阻挠从事体育事业，因为妻子认为这个行业太辛苦，不能陪家人。

你只需要清楚自己在做什么就好了，不要过多理会那些不懂你的人。

如果已经清楚了自己的目标，那么，接下来你就需要考虑自己的技能和本事了。

我的专长是什么？很多人并不能清楚地了解这一点，生活中也并不总有机会可以让我们展示我们在某方面的专长。你若认真地回想自己做成功的那些事，就能从中发现一二。

例如：你在学习过程中，感觉哪个学科学起来格外轻松？或者说，你擅长哪个学科的考试？哪些知识轻松就能掌握？弄清楚这一点，你就会发现自己的专长或者兴趣所在。

接下来的问题是你觉得哪种职业最适合你的个性。问自己以下两个问题，也许对你会有一些参考价值。

你周围的人觉得你最擅长什么？也许是解决电脑难题，也许是唱歌，也许是联络人际关系，不管哪一方面，他们觉得你就是这方面的专家。

什么样的职业会让你感到快乐？回想一下你小时候的梦想，尤其是学生时代最想做的职业。

我们无法保证人人都能从这些问答中找到兴趣和专长所在，但你至少可以从中了解到一些有用的信息：我的激情点在哪里？

你可以广泛涉猎，不要束缚自己，尝试那些自己有兴趣但一直没敢或者没机会接触的事。学会迈开步子，有点冒险精神。如果某件事激发了你的兴趣，那就给自己机会试一次。如果激情维持了短暂的时间就消退了，那就放弃这个念头吧！这不是你想要的。这样坚持去做一段时间，你总会找到自己的兴趣点。

最后，你需要深入地了解某些特定的职业，如果你已经选择了想要从事的职业的话，你可以去联系那些正在从事这份工作的人，了解工作的实质和内容，听取他们的意见，客观衡量你是否能够胜任，这些都是判断工作是否适合你的重要参考。

不要说你总是无法成功，遇不到自己的"同道者"或愿意提携你的前辈，那可能是因为你选择的行业不对，别人即使有办法也帮不到你。因此，先选对行业，才会遇到能够帮助你的人。

让前辈看到你的努力，主动来帮你

一个自恋的新手，往往也是生活中充满了悲剧的笨蛋。我在美国找到第一份工作时，听到的第一句忠告就是："所有的恶霸都是自恋狂。"你是否也很自恋呢？

你自恋吗

自恋的人通常不怎么努力，仿佛根本不想得到前辈（优秀同事）的任何帮助。事实上，他们瞧不上自己的前辈。他们总有许多莫名其妙的"自尊"，前辈必须像父母疼惜子女一样对待他们，才能获得认可，否则那些前辈在他们眼中就成了"一无是处的老家伙"。

我在美国认识的第一个"制造自己人生悲剧"的家伙叫作诺瓦克，他是得克萨斯州人，在华盛顿待了 6 年（包括上大学在内），他偶尔以华盛顿人自居，就差见人就说"我是特区人"。诺瓦克比我早到公司一年半的时间，但他显然还不清楚如何才能赢得同事和上司的尊重，尤其是那些公司元老的青睐。就像所有的自恋者一样，他不但瞧不上在自己之后才入职的新同事，而且对公司元老也不太看得上。

在一次部门会议上，当时的负责人奎恩斯让他把自己正在进行的项目做一下汇报，以便听取项目小组成员的意见，看目前的营销策略是否还有更改的必要。我们经常会有此类工作步骤，以便集思广益。但是，自恋的诺瓦克认为这是上司对他的不信任，他自认为是不需要任何"指导"的，尤其是坐在他身边的这些"不学无术"的家伙。

诺瓦克不高兴地说："头儿，我单独向你汇报就可以了，不需要再讨论计划的细节。我可以在散会后给你发一封邮件。当然，也可以转发给同事，让他们也看看。"

奎恩斯很不高兴，但没有第一时间发作。他哦了一声，然后大声说："看来你根本不需要同事的协助，那你就自己做好了，我相信你能够给公司一个完美的结果。"

"没错，头儿！"诺瓦克丝毫没有意识到危险正向他逼近。

悲剧才刚刚开始，仅仅一周后，诺瓦克就遇到了大麻烦。客户决定降低营销成本，本来计划给我们的资金被砍掉了30%，而这在诺瓦克的工作规划中并没有被列入应急预案中，他对此完全没有准备。巧合的是，在那次会议上，奎恩斯专门询问了这个问题，问他是否做好客户临时削减预算的准备，当时诺瓦克的回答是："完全没有这种可能，我们已做了详细沟通。"

接下来发生的事情你可能已经猜到了——诺瓦克本来就是一个新人，现在被撤掉了项目经理的职务，成了一名普通员工，工时长，很辛苦，而且薪水也被调低。用奎恩斯的话说："这是对他自大的惩罚。"

总有一些人瞧不起自己的前辈，看不上那些经验丰富的同事，认为自己不需要跟他们进行协作，也没必要征求他们的意见，获得他们的帮助。如果一个人说的话是不讨这种人喜欢的，他们就认为这个家伙很刻薄；如果一个人的行为让他们感到不舒服，他们就觉得这是在刁难他们。好像自己的能力完全没有问题，是那些老家伙在嫉妒他们、针对他们。

于是，他们怀着自恋的情绪在工作中将自己封闭起来，和同事、上司对立起来。长此以往，他们不能获得前辈的帮助，也不可能吸取同事的经验，逐渐被排挤出工作的核心，离自己的职业成功越来越远。

脱颖而出的关键力量

职业生涯发展协会（CCDA）的相关研究中心抽样找到了 500 名各行各业的在职人士，对他们进行了一个有趣的调查。

"为了在职场新人中脱颖而出，你觉得哪三项最为关键？" 对于这个问题，抽样中心给出了一份选项清单，例如"时间管理""人际沟通""积极的职业态度""找到自己的天赋"等。被调查的对象需要根据自己的意愿选择出自认为最重要的三项。

最后的调查结果并没有什么新奇的发现，但是研究人员通过对职场新人（0—3 年占 51.2%）和职场老人（3 年以上，占到了 47.8%）的选择做比较，发现了一个值得注意的现象。在对于最重要的三项素质的选择中，新人们给出的答案是："专业知识与技能"、"拥有核心的硬技能"和"认可的行业与职位"。可这三项选择在职场老人的表格里却分方别排在了第二、第六 和第五名。

职场老人的选项是什么呢？排名第一的是"积极的职业态度"，第二是"专业知识和技能"，第三则是"良好的职业习惯"。他们认为这三项是工作中最重要的。而在新人的选择中，这几个选项分别排在了第八、第一和第十名。

由此可见，职场新人与前辈在对工作的认知上存在着不小的差异。我们很难说谁是绝对正确的，但是很显然，职场新人需要多多思考一下前辈的这些选项，去参考他们的标准，并从中获得有益于自己的东西，帮助自己在职业竞争的初期就脱颖而出，而不是到了一定的岁数才改变看法。

职场新人总是将良好的技能和丰富的知识作为职业成功的首要因素，而且注重行业的认可度和职位的性质。而职场前辈经过了入职后的摸爬滚打，发现了更重要的东西，比如积极的职业态度、良好的职业习惯等，这被他们视为事业能否成功的关键。至于"职业定位"以及"认可的行业"则成了次要的东西——事实也是如此，在决定我们能否做好一项事业的条件中，最重要的是一些宝贵的职业品质，其次才是能力。

为什么职场新人和前辈对于工作的判断会有这么大的差别呢？大概有以下几个方面的原因。

◇ 双方的认知存在很大的不同

职场新人通常是刚毕业的大学生，他们心怀理想，没有工作经验。这些人的事业刚开始起步，就像诺瓦克那样，他们更容易把工作视为自己的学生生涯的后续延伸，自然而然地就会形成这样的认识——我应该能力强、专业好，有大量的知识储备，并且，只要我能力强，知识储备足，我就可以搞定一切。

但是，职场前辈们早已经度过了这个年少轻狂的阶段，在相当一段时间的工作磨炼中，他们已经明白学校和职场是完全不同的两种平台，再强的人也需要从零开始，不断面对新挑战。那么，积极的心态和良好的习惯自然是非常最重要的。

○ **真正卓越的技能，是工作以后才能学到的**

一旦你开始了工作生涯，在大学里学到的知识很快就会失效，就像过期的牛奶一样。大学一毕业，就有 40% 的知识被淘汰，而在余下的 60% 中，工作中能派上用场的大概不会超过 20%。大学的专业优势对我们职业的支持最多只能维持半年，通常三个月过后，很多人就会感觉力不从心，技能匮乏。至于学历方面的优势，也不会一直持续下去。

这并非告诉你学历不重要，你必须明白，在工作中需要建立新的"战场"，做好重新再来的准备。那些在工作中有效的技能，只能进入职场以后才能慢慢学到，所以，你需要前辈的指点，也需要他们的提携。

○ **适合的工作重要，还是保持清醒的头脑重要**

大多数的职场新人会认为找到和自己匹配的工作和职位是重中之重，所以会过度看重定位问题，恨不得一下子找到终身职业，然后大显身手，实现自己的雄心壮志。但是职场老人们显然吃过了太多的亏，摔了太多的跟头，他们能够清醒地认识到，任何工作都需要经过时间的检验才能发现是否适合自己。也就是说，你首先要肯干，积极地干，积累经验，保持良好的态度，如此才能有机会、有实力和自己想要的职位和工作相匹配。

这意味着，新人不能急功近利，也不能匆忙地做出重大决断。在进入职场的头几年，初期定位根本不算什么，关键是你能否挤进去，拿到入场的门票。所以，不要急于判断一份工作是否适合自己，要沉下心来，先把分内工作干好，谦虚地向同事学习，过一段时间再视工作的成效去做未来的打算。

○ 良好的职业习惯重要，还是天赋异禀重要

许多人喜欢听到"天赋"这个词用在自己的身上，尤其是初出茅庐的新人。他们总觉得自己与众人不同，不但运气好，而且才能也比同事突出。他们期待依靠天赋赢得竞争，超过前辈，战胜试图挑战自己的同事。他们一般不会求助于前辈，不会向同事低头。说白了，这些人一进入职场，就摆出了一副全力冲刺的架势，想不费吹灰之力就达到目标。

然而，现实是残酷的，即便你具备某方面的天赋，想获得人们的承认也不是容易的事。即便获得尊重，也可能比你干好本职工作所付出的努力要多出很多。工作时间在 3 年以上的老员工显然更加冷静和清醒，他们经历了这样一个阶段，能够理性地总结出有利于把工作做好的原则，那就是——在前几年的职业生涯中，积极的态度和良好的职业习惯的养成，胜过天赋异禀。

如果我们给职业素质打分的话，只要你足够认真，就能达到及格分；而付出努力和汗水，你会拿到 80 分；拥有过硬的职业技能和良好的工作习惯会助你到达 90 分；最后，跨过了从 90 分到 100 分的台阶，才轮到谈论天赋。

我们生活中的大部分人，努力程度之低，根本还轮不到拼天

赋。这样说来，你怎么能有底气不向经验丰富的前辈学习呢？

互相需要是前提

你不妨问问自己，现在可以达到多少分？

在工作中，互相需要是一个基本的前提。如果你不能提供足够的价值，或者付出足够的努力，就不太可能有人愿意帮助你。

比如，刘邦和韩信，他们谁是谁的贵人，到底谁帮助了谁呢？事实上他们互相需要，互相成就，不存在一方施舍而另一方接受施舍的可能性。刘邦不会随便找一个庸才给他军事指挥权，封他做齐王，刘邦这样做一定是基于韩信的能力和忠诚；韩信也不会将就着找一个无能的主公，献出自己的才华，否则他就没必要离开项羽的阵营了。

有句话叫"打铁还需自身硬"。我们需要获得职场前辈的帮助，就必须付出足够的努力，提高自己的能力。在工作中不要盼望得到施舍，没有人会无条件地帮助别人。你需要前辈的提携，其实他们也需要你的帮助与协作，至少你要具备能成为他很好的助手的能力。

应该避免的五种行为

在和职场前辈的相处中，有哪些需要避免的问题呢？

○ 不合群

什么是不合群？比如，大家都在讨论问题——尤其是一些大家都比较感兴趣的话题，你躲在一边不去参与；公司在某一天将发奖金或福利，你第一个知道了却不通知同事；同事请你一起聚餐，你冰冷冷地拒绝，没有参与的意识。如此几次下来，同事就会觉得你是一个不合群的人，缺乏团队意识，不是一个好相处的人。

不合群的危害平时只体现在交流上，你和同事的沟通会有障碍。但到关键时刻，它的危害就没有这么小了，严重的会影响你的前途，比如年终考核或者在某些发展机遇的竞争中，由于缺乏同事和前辈的推荐，你很有可能会与机遇擦肩而过，成为一个没有被上司注意到的人。

○ 对人不热情

一个热情的人很容易就能获得大家的好感。不管公司的情况如何，你都应在第一时间表现出自己的真诚和热情："我想和你们搞好关系，我正努力和你们融为一体。"这是你要表现出来的态度，并且要积极和大家进行沟通。

你要表现自己乐于助人的一面。不热情的人在同事需要帮助时会冷眼旁观。比如同事有事要请假，需要一个人帮他代理一下工作。他找到了你，而你却毫不犹豫地拒绝，这就表现出了你的不热情，你这样做极不理智。等到下次你需要帮助的时候，就没人愿意帮你了。

○ 有事不告知

有事互相告知既是共同工作的需要，也是和同事沟通、联络情感的方式，它能体现你和这个团队成员之间的尊重与信任。有事不告知别人的人只看见自己的事，别人的事一概不关心，或者认为"我的事与你有什么关系"。抱着这种态度对待工作的人，不管干什么，都不会通知同事，甚至自己的协作伙伴他们也不会告知一声，结果就是一有事的时候大家都在找他，却不知道他去了什么地方。

我在新加坡时，就有一位神秘分分的同事朱先生，他是公司的"独行侠"，谁也不知道他接下来会做什么，因为他的工作计划从不通知别人，哪怕是需要同事配合的工作。有一次老板着急找他，问谁看到他了，结果没有一个人说得清。老板只好亲自拨打他的电话，才问清了他的位置，他竟然跑到距离中心城市 20 公里的郊区去见客户了。

老板很生气，在电话中说："下次麻烦你有事告诉我一声！"当然，朱先生的薪水就没怎么涨过，没过多久他就离职了。在他走的时候，也没有一个人送他，大家都坐在自己的位置上，装没看见。朱先生很尴尬地抱着箱子在众人的面前走过，那副很想打声招呼可又不好意思的复杂神情，很让人同情。

由此可见，如果你养成了有事"不告知"的坏习惯，对你的工作会有一些负面影响。不光普通同事会对你敬而远之，有心帮助你的前辈，也会因为你这种冷漠的态度，对你失去兴趣。也许心理咨询中心的专家会很有耐心地对你进行咨询治疗，在写字楼与时间紧张作战的白领们可没有多余的时光浪费在你身上。

○ 不聊私事

我们和同事聊一些私事并没什么坏处，这有益于增进了解，拉近距离，还可以加深感情。许多话题都可以在工作之余随便聊聊，比如结婚了没有、孩子多大、爱人在哪里工作以及家乡的名胜古迹和小吃等。如果你自己的一切都不告诉任何人，也不和别人探讨任何隐私，你就会成为同事眼中的"怪物"。大家不了解你，看不透你，也就不会跟你交心，当然更不可能在必要的时候提供帮助。你什么都不让人知道，人们就无法和你建立信任关系，要知道信任的前提就是互相了解。

○ 遇事不求助

虽然不能轻易求人，但也不能遇到问题时总是不求助，尤其是不向经验丰富的前辈求助。你不想得到他们的帮助吗？不想提升自己的工作能力吗？如果想的话，那你就要改正"不求助"的缺点，勇敢地开口，请他们伸手相助，提供一些经验和指导。

频繁地求人会给别人带来麻烦，但偶尔在关键问题上求助别人，却可以及时表达你对他的信赖，融洽相互之间的关系，更重要的是可以使问题得到解决。这其实是实践了一条普遍的社交原则：人际关系的前提是互相帮助。当然，在向他人求助时也要

关系力 1：找对人生中重要的 7 个人

讲究分寸，看准时机，不可随便开口，也不能不顾对方的实际情况，让对方为难。

发现"潜力股"盟友，与其一起成长

我们去结交"落难英雄"，等同于投资潜力股。就像股票一样，如果我们在低价时购入潜力股，陪它一起成长，那么在它价格升高时便可以抛出赚钱了。相反，在一只股票最高价时买入，你就得不到什么实惠。

我经常对人们说："看一个人是不是能交到有价值的朋友，是不是那种擅长经营自己人生的人，就看他是否愿意在别人困难的时候伸出援手。"

多做一些帮忙解难的事，就可以让自己更受大家欢迎。这对刚参加工作的人来说是十分重要的，如果你被功利心控制了，就很难去做这些事，因为你的眼睛只盯着那些志得意满的成功者，试图跟他们搭上关系，而忽略了那些虽然现况不如意却十分有潜力的人。事实上，后者才是你真正需要结交的人。在他们还没有崛起的时候与他们成为盟友，将来他们才更愿意真心实意地帮助你。

一个人的成功，在一定程度上要归功于他找到的盟友的能

082

力。什么是盟友？与你一起经历艰辛的起步过程、遇到挫折时不会离你而去的，才是你的盟友。在你春风得意时过来找你合作的人，只不过是想分一杯羹。后者不叫盟友，只能叫跟着市场走的投机者。

有的人刚参加工作一两年就升到了公司的高层职位，或者忽然拿到了一笔投资，开起了创业型公司，而且业绩还不错。看似幸运之神"巧合"地降临到了他们的身上，其实很可能是因为他们在很短的时间内找到了好的合作伙伴。

一个好的同事，就像一个网络接入点，把你带入他的网络，将你们的资源连为一体。那些成功的企业家、职场精英，大部分是这样的——他们在走出大学校门的第一天，就开始重视经营自己工作中的人脉了，第一步就是和同事搞好关系。

既然你要找的是潜力股，那么首先你自己也要有潜力，假如你没有什么"价值"，或者你的天赋、资质和潜力不为别人所知，对方怎么会愿意与你成为同盟呢？

我们不能再像过去那样，但凡有公司的内部聚会就一定去参加，不管是哪个部门的，也不问这些人是否与自己兴趣相同。结果呢？到了会场我们又呆坐在角落无所适从，虽然可以和自己座位旁边的人交谈几句，但双方都不知道，以后还有没有必要交往下去。

纽约的一位金融白领自嘲说："与一些部门的联谊会过后，不要幻想有人会在次日给你打电话，事实上你在别人眼中也许一文不值，当然他们在你眼中也仿佛如此。人们并没有把注意力放在互相了解上，他们心里想的是，嘿，工作如此劳累，何不趁此机会放松一下？"

喝得酩酊大醉的你在酒醒后，可能并不会对这种社交方式有任何反思。造成这种情况的原因，仍然是那个"认识的人越多越好"的误区。这个误区会导致你盲目地去认识更多的人，参加更多的社会活动，最多只是收到一堆空洞无用的名片而已，没有人能够成为你的长期盟友。

结合自己的事业，我们可以把关系分成两种："实心关系"和"中空关系"。

○ "实心关系"——有价值的同事

"实心关系"就是与那种能和自己分享各种有用信息、工作心得，和自己交流工作经验，并且在工作方面能给予自己实质性帮助的有价值的同事形成的关系。你一旦遇到这一类同事，千万别轻易错过，应不断积累他们的数量，最终形成你自己的精英关系圈。

○ "中空关系"——酒肉同事

"中空关系"就是以旧的关系理念所形成的看似很广、华而不实的关系。这些人与你只是酒肉朋友，虽然你们互留了联系电话，却只有在聚会时才能见到对方，在推杯换盏中短暂交流。这些人无法成为你的良师益友，对你也不会有多大帮助。

什么时候该离开一个糟糕的环境

理想的工作环境是什么样的呢？总有一些标准可以说明，我们能在某一个环境中长期工作下去，比如：

○ 公正的用人制度和竞争氛围，每个人各司其职，并劳有所得，不必担心潜规则的影响。

○ 当然，这份工作是你喜欢的，是你的兴趣所在，也是你一生的志向。

○ 包容和多元的公司文化，允许你有个性发挥，并保护你的个人色彩，而且提供给你足够的发展空间。

○ 有许多高素质的同事，你不需要提防小人，当然还有值得你学习的非常优秀的上司。

这样的环境是非常好的，让人感到十分舒服。这样的氛围允许你犯下某些错误，对你没有那么苛刻，同时又有某些机制可以激励你迅速成长。不得不说，环境的影响是巨大的，在团结和积极的群体中，你受到环境的感染，也能很快勤奋起来，激发出自身的潜能并逐渐成为优秀的员工。

拥有好环境的一大标准就是公司必须有乐于助人的前辈——可以是某些部门的领导者，也可以是技能突出、经验丰富的老同事。他们能够帮助新来的雇员在最短的时间内表现出色，迅速成长为公司的主力。

总的来说，优秀的前辈是为公司未来着想的人。在他们的积极努力和热情带动下，你很快能学到关键知识，缩短自己的职业磨炼期，少摔跟头，少走弯路，在这个适合你的环境中健康成长，成为一名优秀的员工，最终变得像这些前辈一样，把这种精神传承下去。

芝加哥一家房产公司的雇员麦斯说："感谢我的同事威尔金森，他让我很快融入了这个充满乐趣的场所。在这里，人们都受到公平的待遇，拥有一定的自由，尊重不同的信仰。大家都互相帮助，没有歧视，没有打压，也没有嫉妒，我感觉好极了。"

麦斯为自己选择了这家公司深感骄傲。实际上，他的事例向我们表明，理想的工作环境确实是存在的，它由许多因素构成，其中当然包括好的同事。同事给你留下的第一印象，往往在很大程度上决定着你对这家公司、这个环境的印象，很多人正是因为在入职第一天遭到了同事的排挤和冷眼，留下了强烈的心理阴影，并最终在短时间内辞职走人。

由此可见，良好的氛围是非常重要的。好的环境必须由一群乐于助人的同事构成，和这些人一起工作，我们就有足够的动力把不利条件转化为有利条件。

纽曼说，他在做心理咨询师的工作之前，曾经在美国北部的一家公司从事销售工作。那时候他还很年轻，处于事业的初期，处在完善自己的职业观和选择未来理想职业的阶段。虽然他的老板不怎么样——确切地说不是一个好相处的人，但幸运的是，他有一帮好伙计，他们在一起聊天、交流。正是这一点使他在那里多工作了长达一年的时间，否则他早就离职了。

他说："我看见老板第一眼，听到他说了第一句话，就想马上走人，但我忍了一会，决定再看看。我和同事相处了 2 个小时后，我就决定再忍几天，最后我一直待了 13 个月。这段时间我学习到了大量的知识，拥有了很宝贵的经验，这告诉我人际关系对工作环境的影响是多么巨大，对于身处其中的每一个人的心理影响也是极为巨大的，它甚至远远超过了薪资水平的影响。"

那么，什么样的环境是糟糕的呢？如果出现下面这些情况或者你有了下面这样的体验，你就可以考虑离开了。

○　对工作产生了强烈的厌恶感，经过认真的调整也无法扭转。

○　感觉压力很大，这份工作让你的身心备受折磨，每天都像一场噩梦，甚至由此引发了其他严重的问题，比如健康压力。

○　在这里找不到归属感，像边缘人一样，根本无法融入这个环境，或者不认同这里的企业文化。

○ 上司在你看来是不折不扣的"敌人"，你和他的关系无法调和，而他又不可能离开。

○ 工作难度太低，以至于很难有成就感，也没有太多的晋升空间。

○ 公司的财务状况问题严重，欠薪已是家常便饭，甚至有倒闭的风险。

上述这些因素都会让你在工作中陷入被动，哪怕与同事的关系良好，你也难以克服这些困难，顺利地融入这个环境之中。因此，这时候你应该果断地离开，另谋高就。否则，你可能不得不委曲求全，强行改变自己的个性来迁就这份工作。

第四章

遇到一位好上司，
胜过遇到一位好老师

向谁学习，你就可能成为谁

刚到美国时，我问自己的第一个问题就是"应该向什么样的人学习"。在长江实业时，我立志成为李嘉诚那样的企业家，但最后才发现自己并不适合带领一家实体公司披荆斩棘，只能做一些策划和推广工作。所以，在离开长江实业来到新加坡后，我走了一段弯路。

实际上，向谁学习比我们怎么学习更加重要。找对了榜样，你可以节省大量时间，少支付昂贵的成本。这样你就等于延长了自己的职业生命。在你取得某方面的成功后，回望过去，你总会想起一些人。他们给了你这样或那样的帮助，才让你通过了一些关卡。正是你当初的这些"老师"，让你在成功的道路上走得更快了一些。

所以一到美国，我就针对自己的事业需求，确立了一个学习的目标：我要找一个在营销推广方面做得非常出色的人物，从他那里学到我以前没接触过的知识。在后来进入美国总统竞选顾问组时，我幸运地遇到了纽曼先生，并与他结下了深厚的友谊。

纽曼让我知道，一个人可以错失昨天的全部机会，也可以对未来充满惶恐，这都没关系，但绝不可以对现在有任何疑虑。"人必须坚定地走好现在的每一步，不要考虑过去和未来。当你过好今天时，你就能拥有值得骄傲的未来。"

从他身上，我学会了务实，成了坚定的现实主义者。所有的浪漫理想都需要今天的努力才能实现，再伟大的构想也要拿到现实中一步步完成。这种极具成长性的力量推动我创建了属于自己的机构，改变了我的人生轨迹，并让我受益至今。

那么，这对新人的启迪是什么，我们究竟应该向谁学习？

许多人会异口同声地说："当然是向第一名学习。"没错，第一名令人敬佩，这是一种正常的想法。我们在年轻时总是把第一名当作榜样，在上学的时候，第一名是所有人羡慕的对象，也是老师让全班同学追赶的尖子生；在工作以后，部门业绩最好的同事又成了我们学习的目标，他怎么能卖掉这么多的产品？你嫉妒又仰慕，因此悄悄向他学习。

可是，我们却总是成不了第一名，这是为什么呢？

我们向班级里的第一名学习，但成绩还是提升很慢，而且考不到第一名；我们向部门业绩最好的同事学习，但我们的业绩还是没有提升；我们向上司学习，可我们仍然成不了上司，替代不了他的位置。

"我向他学习了，却没有成为他！"

这种情况是很普遍的，肯定也是有原因的。当然，你可以找出很多原因来自我释解：

"我学习还不算刻苦。"

"我还缺乏足够的技巧。"

"我不懂得驾驭别人，在管理上还有所欠缺。"

"我什么都做了，但机遇不好。"

"我运气太差，没这个命。"

……

在我们为自己开脱时，最后总免不了归到宿命论上。可是真正的原因可能是你只看到了表面的东西，而没有学到对方的精髓。

另外，你还要有点儿野心。点燃你的渴望与梦想，你将会成为你想要成为的人，而不是一直追随在成功者的后面，只为他们摇旗呐喊。

在我们的传统观念中，野心好像是一个贬义词，然而在英语中，野心一直是中性词汇，它与抱负是同一个单词 ambition。有野心就意味着心怀梦想。在今天，野心与成就已越来越明显地具备了相关关系。在机遇均等的情况下，是否具备野心，就成了事业成功的关键，也成了你能否获得贵人相助的决定性因素。没有人愿意帮助不思进取的人，也没有人想和这种人交朋友。

当你决定向更优秀的人学习时，你必须目标明确，做好充分准备，坚定不移地走下去。还有最重要的一点，你要乐观向上。不要害怕挫折，要把每一次挫折看作一次转折，在转折之后也许就是全新的机遇。

每当有人问我在工作中应该向谁学习时，我都会告诉他："先向你的上司学习，假如他让你尊敬。"没有做过领导的人，不理解自己的上司每天都在忙什么，可能还会对上司充满负面评价，也不愿意拿出谦虚的学习态度。

比如，有个人一脸鄙夷地说："学习那个胖子？不，我最恨的人就是他，他已经四次退回我的加薪申请了。"可是，这个人为什么不想一想加薪被否决的原因呢？恐怕这位上司身上有许多值得他学习的地方。

第一个问题：你应该向哪一类上司学习？

上司有好有坏，有的领导每天把工作扔给下属，自己落得清清闲闲。这种领导不学也罢，你如果跟着他学，将来恐怕连成为一名管理者的机会也没有。因此，一个值得学习的上司，首先应该是敬业的，热爱工作，并且能够和下属同甘共苦。其次，他能教给你正确的工作和处事的方法。好的上司在做事时，考虑得会更加全面、周到。他们的判断力更强，而且又能比较全面地听取和参考下属的意见。

所以，我们要向各方面都非常出众的人学习，也要向大家一致认可的上司学习。

第二个问题：我们应该怎样向上司学习呢？

○ 首先成为上司的协助者，体现自己的价值

这是作为学习者的理智的定位。承认自己的不足，向对方学

习，就要先成为对方工作中的好助手，以及合格的执行者。你想成为某个人，就要先接近他，和他相处，协助他工作，在和他一起解决问题的过程中不断学习，并体现自己的价值。这样他才能注意到你，最终认可你的才能。

因此，获得上司认可的最好途径，就是通过解决一个又一个的问题，展示你优秀的一面，让上司知道你是一个人才，这样他才会提供给你更多的机会。

○ 多沟通是永不过时的学习途径

沟通是什么？就是交流各自的想法，擦出火花，加深理解。机会合适时，我们可以与上司聊任何话题，包括工作、生活以及为人处世。这时，你将发现上司平时不为人知的一面，从而更理智地看待上司，有更大的收获。

沟通也是让上司了解你的绝佳方法。你必须在沟通时谈谈你对工作的看法、对项目的设计或者对管理方面的建议。上司往往能从中看到你的才能和潜质，并以此来确定你是不是他想提拔或重点培养的人。不要担心会说错话，如果涉及工作，你可以大胆表达自己的见解——这正是一名好上司想听到的。

○ 从观察和模仿开始

平时一定要多注意观察上司的喜好和习惯。这并非教你讨好他，而是在提醒你：良好的习惯总体现在细微之处。

另外，要结合自己的优势，去模仿和借鉴上司的做法。理由很简单，如果你想成为一名领导者，就必须具备领导者的特质。想成为一个和上司同等优秀的人，就得逐步具有和他同等高效的行为模式。

以上这三点是我们向上司学习时需要着重注意的。

好上司比好公司重要

刚毕业的时候需要找一个精明严厉的老板，能学到东西。自己被锻炼出来了，就需要换一个愿意放权的老板，获得施展的空间。

"一个好的上司能够带给我什么？"

"好上司的作用真的胜过一家好公司吗？"

这是每个人都很关心的问题。对此，纽曼说："一个好的上司，可以带给你成长性，帮你指明方向。再也没有比这更好的答案了，这是年轻白领在工作中最想获得的，但遗憾的是，很少有人可以碰到令自己满意、能提供真正帮助的上司。"

遇到一位好上司，胜过遇到一位好老师。一个好上司会让你终生受益。

但是，理想与现实总有一些差距，人们在实际工作中的感受是什么样的呢？

　　我的调查小组成员佛莱彻谈到了他的心路历程："年轻时，我认为老板会对自己贴心贴背，关怀备至，就像一个兄长一样。我们期待在第一份工作中就得到上司兄长般的关怀。但现在我显然已经过了那个年龄了，我目前的认识是，一定要对自己保持忠诚，不要依赖别人。"

　　我很喜欢他的观点。这是对所有年轻人的忠告：对上司不能心怀幻想，首先要提升自己的价值。你自己强大起来，才能赢得人们的尊重，当然也包括你的老板。

　　毫无疑问，年轻人都在做梦。他们对于工作单位有着很高的期望。他们喜欢良好的办公环境和优厚的待遇。重要的是，名片拿出去一定要足够震撼。"呀，你竟然在这家公司上班？我好羡慕啊！"得到类似的反馈会令他们心花怒放。

　　但在一些管理者——尤其是那些经历过类似选择、最后取得成功的人看来，情况却是相反的。美国加州一个传媒公司的高管说："这种想法极为'自以为是'，事实上一家好公司不会给新人任何决定性的帮助，反而会因为高竞争性的淘汰机制，让一些有潜质的新人失去锻炼的机会，对他们信心的打击是毁灭性的。"

　　工作中有很多新人感到困惑，他们缺乏帮助——不管是公司提供的还是上司提供的。我的问题来了——你是选择一家好公司，还是一位好上司呢？

佛莱彻说，对绝大多数的人来说，鱼和熊掌是难以兼得的。喜欢好公司的人，可能会进一家好公司，可能会发现上司的风格不是自己喜欢的，上司甚至令他痛恨。一个不好的上司有可能毁掉一些人"在大公司工作"的梦想；而有的人则会幸运地遇到一位好的领导，但如果公司的环境很差，也会有随时倒闭之忧。

似乎没有非常具有说服力的答案。在我看来，有一个事实是不容忽略的——我们的身边并没有那么多的好公司可供你选择。也就是说，多数单位其实都是十分普通的。第一份工作进入一家普通公司的可能性是非常大的，这是多数年轻人共同面对的情况。

所以，为自己找一个好的领导者是很重要的。可是有人担心，普通公司里的好上司可能会绊住我们寻求更高平台的脚步。

佛莱彻讲了他以前一位同事蒙蒂略的例子。蒙蒂略是来自巴西的移民，他的梦想是去撒哈维公司工作——巴菲特的投资帝国总部。蒙蒂略信誓旦旦地说："如果我能进入这样的公司，我可以将其当成一份终身职业来对待。我就不需要看人脸色行事了，我不再需要上司来为自己未来的发展提供资质证明。"

蒙蒂略大错特错。他没能进入撒哈维公司，而是很不幸地被蜗居在一座小镇上的为证券交易所提供数据收集服务的小公司聘用了。在那里，他遇到了一位特别好的老板，帮助他重新树立了信心，并改变了他看待工作的观点，拓宽了他的视野。

最后，他有点舍不得这位上司了——当一份更好的邀约摆在他面前时，他很矛盾："我是该辞职，去更好的平台发展，还是继续留在这里，和这位难得一遇的老板共事？"

没有标准答案，因为每个选择所面临的真实情况并不是别人能够体会到的。人生中从来没有什么标准的答案。别人无法给你指明方向，你的每个选择都是现实和理想博弈的产物、理智与情感较量的结果。

佛莱彻说："重要的是我遇到了一位可贵的老板，获得了提升，相比之下，接下来如何选择是微不足道的，我们都需要为自己找到一位好老师。"

刚开始工作时，如果你的实力不够强大，进入普遍意义上的好公司的概率是非常小的。这一点我已论述得非常清楚。我的朋友纽曼虽然是一位著名的心理学家，同时还是在全美拥有不小知名度的研究人际关系心理学的实践专家，但也曾有过被华盛顿的政府机构拒绝的经历。他当时很想为政府工作，但联邦当局无情地退回了他的简历。

我们多数人都是非名牌大学毕业、没有什么背景的。那么，你就应该走务实路线，到一家可以正常运转的普通企业，然后为自己寻找一位好的上司。遇到后者需要运气，不是谁都有幸碰到一位愿意提携自己的老板，但这个方向是没错的。

北京的吴先生毕业那年的就业形势不容乐观，他的故事就像丑小鸭变成白天鹅一样充满戏剧性。他一开始就没打算挤破头去和几千人竞争大公司的一个职位，而是盯上了那些不太出名的小公司，把简历全都投向了它们。一家设计公司向吴先生发出了面试邀请，给的待遇也还不错，但就是办公条件差了点：公司租了一幢居民楼里的三居室，一切还是乱糟糟的，显然是成立不久，这里秩序初立，没那么好的福利和办公设备。

不过，他的每个同事都很愉快地工作着，充满朝气和活力。他的上司说话温和，态度谦虚，给他的印象也很好。上班后过了一段时间，吴先生才知道，这位上司竟然是业界十分有名的设计师，拿过许多大奖，从原来的公司辞职后，组建了这个新的团队。

吴先生说："这些年来，他主持了许多获奖作品的设计工作，但奖金他从不自己独吞，而是把大多数分给下属。如果我们加班，他总是自掏腰包，请我们吃夜宵。更让我感动的是，有一次因为我的一个失误，客户大为不满要退单，上司不仅安慰我，还亲自去找客户道歉，取得谅解，然后又详细地跟我讲如何才能避免这种工作失误。"

在该公司，吴先生已经工作了 4 年。虽然这家公司规模一直不大，工作也比较辛苦，待遇也不算太高，只是这个行业的平均水平，但至少到目前为止，吴先生从未后悔过自己的选择。他想再坚持几年，如果公司发展得好，他便安心做下去；如果公司发展不好，可以考虑离开，这些年跟他上司所学的知识和技能，也足以让他在业内找到一份不错的工作。

对刚开始工作的人来说，老板的影响显然是十分重要的。吴先生如果换到一家著名的设计公司，可能就没这么好的运气了。对新人而言，一个好的提携者比好的环境起的作用要大。

当然，没有什么事是绝对的。假如你人已在大公司，我们并不倡导你辞去工作，到小公司去上班。在大公司里，怎样看待自己的领导呢？如果他很"坏"的话，你应该怎样应对呢？

白先生在上海一家大公司上班。刚到这家大公司，他就见识了自己领导的"难以相处"。这位部门主管跟他例行谈话时，都没正眼瞧过他一眼。得知白先生毕业于国内名牌大学时，主管还嘲讽地说："这么棒的大学，怎么不出国发展呢？"

随后，知道白先生之前还曾在一家公司担任过中层干部后，主管又用十分不屑的口气说："哟，看不出来你还做过领导啊！"

在工作中，白先生没少受这位主管的冷遇，重要任务从不指派给他，一些没人愿意做的事却没少叫他做。这是一个苛刻的上司，谁都不是傻子，白先生心知肚明，同事们也常劝他做好另找工作的准备，因为谁被领导盯上了，前景都不会很好。

但是白先生认为，我既然进来了，如果辞职岂不是认输？这是一种无能的表现，即便离开了这家公司，摆脱了这样的上司，将来也很难取得事业的突破，这是一种逃避的心态，到哪儿都不可能有很好的发展。

所以，他的做法是，不卑不亢，忍受到底。无论上司怎样对待他，他都不做出任何反击，而是把自己的工作做好，在业绩上无可挑剔。2年后，他靠着傲人的工作成绩获得晋升，被他替代的就是他原来的这位上司。

针对刚才提出的问题，你还在左右为难吗？

一类人喜欢到大公司接受挑战，不管有没有人帮自己，他们认为好的环境就是有利的；另一类人则是现实主义者，他们觉得如果有人提携一把，自己的路走得会比较顺利，可以少犯错误，少付出代价。

我们就这一问题采访了分布在几十个行业中的几万名从业者，询问他们是如何思考这一问题的。他们大多数都表示，自己在工作中常常会遇到这种状况：好不容易进了一家好公司，却发现上司的风格不是自己喜欢的，上司对自己的工作不赏识，工作起来总是不顺利；可有时遇到了一个好的上司，公司整体的环境又不好，前途难料，不知何去何从。

"有没有什么办法，可以解除这种困惑？"这是人们共同的疑问。

我来告诉你答案——

如果你是一个刚参加工作的新人，好的上司就是你的师长，他能够给你的职业生涯带来指导，让你工作起来得心应手，使你在人生中少遭遇一些挫折。尤其是你的学历不高时，去中小规模的企业为自己选一个"好上司"可能就更加重要了。

这是一个关键问题。中小规模的企业多数处于成长期和发展期，机会特别多，如果你很希望做出优异的成绩来证明自己，希望有广阔的舞台，希望得到充足的资源支持，那么，你就可以在这样的平台上为自己找到一个好的领导，而不是进入一个相对安逸的环境。

去成长型公司，而不是跨国企业

成长型企业是指目前尚处在创业阶段、由于自身的某些优势深具发展潜力的公司。我通常建议大学毕业两三年内的年轻人先到这样的成长型公司工作，并争取找到适合自己的此类公司，而不是去挤独木桥——进事业单位或跨国企业。

我认为，进入成长型公司比过早进入大企业能够让你学到更多的东西。这是两种截然不同的发展平台，其主管人员也就是你会遇到的上司，对你的影响也是非常不一样的。在这两种企业中，企业文化和企业环境更有很大的不同。

有一位在大连的一家成长型公司工作的年轻人给我写来邮件，主要内容就是诉苦：公司制度不完善，资源支持不到位，同事没有经验，激励机制不健全，感觉处处都需要自己亲力亲为。他感到很困惑，让我告诉他应该怎么办。

在美国，我本身就是从一家成长型公司开始的职业生涯，现在也在为很多成长型企业提供发展咨询服务和深度人脉的建设，所以对他提到的这些问题深有同感。在回复他的邮件中，我告诉他：你提到了"亲力亲为"，这恰恰是你的事业机遇，是锻炼自己能力、积累经验的好机会，而这正是大企业不会提供给你的。待在成长型企业，你会面临一个严峻的问题：和公司一起突破还是一起平庸？在回答这个问题的过程中，你会建立自己的人生目标，可以迅速找到方向，并且在与上司的合作中获得大量的实战经验。

一般来说，一家成长型公司，往往具有以下特点。

⬡ 发展具有不确定性——前景不明朗

公司刚刚建立，风险和机会是并存的，比如公司的未来发展会怎样，有没有发展的动力？问题不但摆在上司面前，也摆在你的面前。这种不进则退的挑战，你在跨国企业或稳定的事业单位一般是不会遇到的。

你在这里有快速提升的机会，也有立刻下岗的可能。这都掌握在你上司的手中，取决于你与他的协作如何，你要迅速而有效地展示自己的执行力，挖掘自己的潜能，这对你来说是一个很好的锻炼机会。在这个过程中，你从上司身上学到的东西是很多的。

⬡ 企业文化尚不具备——价值观初创期

公司发展初期一般不会特别注意企业文化的建设，你处在一个创业团队中，同时也是企业价值观建设的一分子。换言之，这家公司如果将来能发展壮大，那么它未来形成的企业文化会留下你的烙印，种下你的基因。很多人都有这样的机遇，却少有人重视并把握住。难道你不想实现这样的目标吗？

○ 流程制度不完善——制度完善期

在成长型企业中，你期待的完美的资源支持、丰富的培训和良好的福利、清晰的付出回报机制都可能是不存在的。因为这需要你亲自参与建设，你可能是公司里第一个做这些事的人，而且也没有人会有义务告诉你如何去做。此时上司恰恰在观察你会怎么去做，他会考察你是否能够承担大任。因此，在这种环境中，你必须学会主动承担责任，工作时不要依赖任何人，且要把事情做到最好。

那么，当公司解决生存问题后，你会豁然发现：自己成了这家企业的奠基者，成了公司的元老之一。你是和上司并肩战斗的第一批成员，也将是获得最大收益的人之一。即便此时你选择离开，你也会很想对这家公司、对这样的老板说一声感谢，因为他已经帮助你变得强大，这是其他类型的公司无法给你的。

成长型企业肯定存在诸多的问题，否则它就不是成长型而是成熟型的公司了。许多人刚进入一家创立不久的小公司，屁股还没有坐热乎，它就关门大吉了。有的人虽然怀着谦虚学习的心态来到这里，却不幸碰到了一位脾气暴躁、不适合当老板的上司，然后度过一段很不顺利的岁月。这都是问题，可正是这些问题，决定了它将是一个极为考验人的综合能力的平台。

它给你压力，同时也可以让你不断积累经验。如果在这里你遇对了人，对你将来的发展会有很大的帮助。所以，要用长远的眼光看事情，懂得用这种长远的眼光来看待自己的人生时，你就知道在不同的人生阶段，自己应该如何选择平台了。

不成冤家成知己

加西亚在华尔街的 AT 证券公司工作得很不开心，他打电话给我们的社交顾问，发了一肚子牢骚："我恨不得杀了我的老板！"为什么和顶头上司的关系如此糟糕？他说，老板总是在他汇报工作时用难听的话批评他，两个人为此吵过许多次架，有一次差点儿拳脚相向。

这种情况如果偶尔发生还不算什么，问题是达到了每周两三次的频率，这说明他和上司的关系出现了危险的迹象——他离卷铺盖走人不远了。

加西亚对这个问题的看法也有些危险——他不是反思自己有没有做错的地方，想办法去调和与上司的关系，而是痛恨自己没有练就一副好口才，没有在争吵中给上司致命一击。加西亚心情糟透了，他吃不下饭，也睡不好觉。

他说："我是不是应该精心预谋一下，找个好机会羞辱一下那个不要脸的家伙呢？我想一定有许多同事和我一样痛恨他。假如下次我能在对战中把他击败，让他名声扫地，一定大快人心。"

我赶紧否定了他这个低级的想法："不，加西亚先生，假如你采取极端的行动，那么你将来和自己的每一位上司都会发生这类事情。你无法获胜，因为除非你自己开公司做老板，否则你永远摆脱不了'老板'的阴影，你不会成为赢家，这是确定无疑的事实。现在，你最该做的是想一想应该做些什么，怎样让这位冤家转换角色。"

如果一个人整天跟自己的老板过不去，再好的上司也会成为他的敌人。这样做，可以说就是在跟自己过不去，不但自己活得很累，没有快乐可言，职业生涯也会蒙上阴影。这样的人从上司那里获得的就是消极的力量，是不断摧毁自己人生的力量。因此，千万不要太任性，必须抛弃针尖对麦芒的想法，先改善和上司的关系，才能从他们那里学到有益的东西。

和老板针锋相对是最蠢的选择

怎样和上司建立令人羡慕的师友关系呢？

在这个世界上，加深上司对自己的好印象有没有行之有效的通用办法？

我们都希望自己的事业蒸蒸日上，但你的上司会希望你得偿所愿吗？

这是一个极具现实性的问题。许多人都觉得上司是自己的对头，很容易和上司形成对立关系，而不是轻松的合作关系。

在上海工作的赵鹏很郁闷。因为曾与他有过节的一位前同事张先生应聘到他现在上班的公司了，而且做了他的顶头上司。赵鹏说："我离开原来的公司就是由于他，作为元老级的同事，他经常排挤我。我实在无法忍受了，才选择了跳槽，没想到他竟然跟了过来，真是阴魂不散。"

"这的确很糟糕，接下来怎样了？"

赵鹏无奈地说："第一天见面，他表现得很吃惊，仿佛并不知道我在这里，其实他早就知道了。他假装跟我很亲热，我们互换了现在的联系方式，然后他说要一起吃饭，还说了些我们俩得相互照顾之类的话。"

"这不挺好嘛，是一个好的开始。"

"但是，随后几天我就明白了，这是假象。他仍然是那种通过打压别人来获得内心平衡的人。在之前的公司他打压我这样的新人，现在，他又开始打压我这种下属，而且还变本加厉。"

赵鹏的"遭遇"值得同情，但要改变这种局面也不是没有办法。上司与下属并不是敌人，两者在本质上仍然是合作关系。只不过由于某些因素的存在，下属很难付出足够的努力，让类似的上司改变这种错误的观念。

松下公司的一位人力资源总监森晃先生曾说："许多管理者在工作中都没有安全感，因此他们不愿意让下属表现得很抢眼。

相反，他们可能会抢员工的功劳。发现能力强的员工或同事，他们就会进行排斥。如果有可能，这种管理者还会提前采取行动，即避免雇佣那些在简历上就体现出了能取代他们的潜质的人。"

我们知道，这是上司们犯下的最严重的错误之一。有的上司会隐藏某些信息，不让下属的工作得到公司的承认，或者给一些有潜力的员工分配较少和不出彩的工作，并减少相关的培训，来阻止这些员工的表现进入更高一级管理者的视野。这样做对整个公司的发展是不利的，也是不可取的。

问题在于纠正"偏见"

如果你的上司有些偏见，你该如何改变上司的偏见，并且成为他们眼中的"知己"呢？

第一，你自己的心态很重要，你是否能暂时超越个人利益？忍耐是最"无能"的，却经常是最有效的办法。当上司通过一系列的举动确认你没有威胁（不存在替代他的可能）以后，他最可能的选择就是改变之前的做法，并开始给予你补偿。

第二，不要在上司面前表现出过于强烈的雄心壮志，如果你的野心太大或者你太贪心，对你在上司眼中的形象也是不利的。上司有时更看重下属的情商。这意味着你必须先成为一名优秀的执行者，他才会乐意给你指点，并把你视作他的左膀右臂。

第三，你不但要称职地完成眼前的工作，还要胜任公司长远发展的需求。在前两点的基础上，第三点将决定上司是否视你为战略盟友。你需要证明自己的存在对他的职业发展有利，然后才能与他形成共赢的合作模式，否则他可能不会重用你。

总而言之，让上司站在你这一边是可能的，即便你与老板从"冤家对头"开始，也能够通过谦恭礼让的原则逐步获取理解。其基本要求就是：你必须将自负、傲慢和没有耐心等这些影响你个人品牌的东西全部摒弃。不要让他觉得你是一个正寻找成功捷径或怀才不遇的家伙，这样你才能渡过第一道关卡，取得继续"考试"的入场券。

好下属的七条军规

○ 当一名虚心的学习者

当你的老板在各方面都很优秀时，你最应该做的，是以谦虚谨慎的态度，向他虚心请教，而不是无视他的能力，甚至产生当众顶撞他的想法。

这很容易做到，你可以在汇报工作时恭敬地记下他的指示，并针对他最拿手的领域向他提问；或者私下谈论他最为自豪和骄傲的事情，以便打开他的话匣子。毫无疑问，这样做会引起他对你很大的好感。上司将深深地觉得，你是他的一名好学生，而且很有发展前途。

○ 当一个忠诚的协助者

老板最大的苦恼往往在于一堆的工作没人去做，他自己却忙得焦头烂额。根据调查，多数老板都会定期生出"没一名下属值得信任"的感慨，这是管理者的压力的体现。如果你想搞好和上司的关系，千万不要逃避棘手的工作。如果你觉得自己可以胜任，那么就大胆地站出来，接手这些工作，替老板排忧解难，让他逐渐把你视为值得信任的心腹干将。

○ 当一个真诚的"粉丝"

上司的工作能力强，各方面都是整个团队当之无愧的楷模。在管理上，他们对下属一视同仁，有功则赏，有过则罚，从不偏袒任何人，也绝不对后进员工冷眼旁观。对这样的强力上司，你当然要真心地仰慕，成为他的一名真诚的"粉丝"。

这样的上司一般来说也都是强硬派。在工作中他们认为自己的做法就是正确的，但别人可能不怎么理解他，所以他未免感到一丝"寂寞"。此时，你的理解和崇拜能让他找到一些存在感和成就感。在崇拜和理解他的同时，你也要结合其他军规，多和他沟通，向他请教，增强彼此之间的联系，这样的效果会更好。

○ 当一名擅长赞美的仆人

赞美不是让你拍马屁，而是让你适当肯定上司的优点，让他发现你对他的认同。优秀上司通常也是头脑聪明和交际广泛的人，他们一般会认为自己是了不起的人物。我们常看到一些老板不管在哪儿都趾高气扬。对于此类上司，赞美是少不了的手段。因为他们特别反感别人的批评，只想听到下属的赞扬，满足自己的心理期待。

需要注意的是，赞美也要讲究适度，赞美过度也会弊大于利。如果别人觉得你虚情假意，就会起反效果。所以我们要进行实实在在的赞扬，瞄准上司的亮点，抓住他的功绩和特长进行肯定。最好的方式不是直接对他讲，而是讲给别人并确信上司一定能"听到"。不当面赞扬的效果一定是最棒的。

○ 当一个积极跟随的盟友

好上司的工作能力很强，在其带领下，一个部门的业绩能够迅速提高，他的手下，往往也有更多的晋升机遇。前提是，你必须让他觉得你是"他的人"。

怎样成为"他的人"？就是积极地跟随他，坚决地执行他的命令。我们对上司要忠诚，不折不扣执行他的命令，高质量地完成他交代的工作。在业务上让他放心的同时，还要在思想上让他放心，这样你才能获得他的信任。在机遇到来时，他就能想到你而不是别人。

○ 当一名讲究细节的优秀下属

好上司非常看重细节，他们通常是追求完美的人。所以，在他们手下工作，你也要讲究细节，工作时要周到细致，不放过任何一件小事。先把该做的事情做好，提升每一个环节的质量，再尽善尽美，注意帮助别人，提高整个部门的工作能力。这样的下属才是优秀的，上司看到你的务实表现，怎么可能不给你机会呢？

○ 当一名懂得距离之美的知心员工

距离是人与人之间都需要的，距离在下属和上司之间当然也很重要。你和你的顶头上司之间的关系就算非常亲密，你也要懂得适当拉开一定的距离，保持分寸，这样做才是大智慧。比如，对他的某些隐私，要坚持不听、不看、不问和不关注的"四不"原则。在该出现的时候出现，在不该出现的时候就不要出现。要有一种"不即不离，不缚不脱"的处事原则，才能称得上明智；要采取一种工作上密切配合、生活中互相理解、涉及隐私时保持距离的态度，方可让上司感到舒适。

好上司给你六种力量

一位好上司，带给我们的一定是积极的帮助，是正面的能量。比如，在一个优秀的上司手底下工作，你会发现要学习的地方简直太多了。但如果反过来，让你去一些水平很差的老板手下待两年，你可能要疯掉，因为两年后你不但什么都学不到，自身的能力可能还会降低。

如果遇到一个好上司，就要抓住这个机会，向他学习。就像一艘帆船，既然来了东风，就得借力远航。具体来说，好上司会在六个主要的方面给予我们帮助，提供给我们六种不同的力量。

○ 自信的力量

不论你是部门主管还是新员工，都要有自信。没有信心，我们什么都干不成。不管干什么，自信都是成功的基础。不好的上司经常打击下属的自信，比如在下属犯错时当众羞辱道："喂，你除了坐在那儿瞎想还能干什么呢？"他们从来不鼓励下属总结经验，从头再来。好上司则是激励型的，他们会让你明白要做成一件事，需要长期坚持并且要有信心，他们会保护你的这种信心并帮助你提升。

拥有了自信虽然未必能成功，但没有了自信一定会缺少主见，也缺乏勇气。缺乏自信和勇气的人在工作中不但怯于承担重任，而且老是觉得技不如人，不敢和别人打交道，也不敢在上司面前表现自己。遇到困难时，有没有信心就更加重要了。有信心的人可以坦然面对挫折，没信心的人则躲着困难走，这样也会让同事瞧不起。

好的上司是很擅长保护员工的信心的。我们在向好上司学习时，首先要学习的就是自信：观察他们是如何工作的，是怎样激发自信的，他们会对你产生很大的激励作用。

○ 微笑的力量

好的管理从微笑开始，也从善意开始。我在最近几年的调查中总结出的好上司的几大特质中，很重要的一点就是，他们能够经常保持微笑，对下属、对客户都一样。人与人间的关系就是一面镜子，你对别人微笑，别人也会还给你善意和灿烂的笑容。好上司深知这一点，他们擅长眼神和表情的交流。这正是值得我们学习的地方。

当你从上司那里学到了微笑，在上班时你将看到，昨天还跟你针锋相对的同事已经变得和蔼可亲了，昨天还想跟你吵架的客户已经平心静气地跟你谈话了，而且，积累在你心底的许多烦恼也会烟消云散。这是因为，交流总是从微笑发起，和解也总是从微笑开始。微笑是人际关系物美价廉的润滑剂。如果你仔细观察，你就能在自己的上司脸上经常看到它。

○ 实干的力量

不实干的人，是很难成为一名领导者的。凡是坐上高位之人，多数都是实干家。没有实干，你什么都做不成，任何美妙的设想都只能停留在空想的阶段。

从好上司的身上，我们总能看到实干的力量。多向他们学习这一点，懂得脚踏实地，把梦想付诸行动，我们才不至于让自己的人生理想成为"空中楼阁"。学习上司的拼搏和务实精神，一步步地做好自己的工作，用行动来证明自己的价值，这才是你应该做的。

○ 诚信的力量

在管理过程中，好上司言出必行，有诺必守。比如，在奖惩机制的运用上，他们赏罚分明，不违反规定，也不口是心非、言行不一。这就是诚信的品质。要向好上司学习诚信的品质，因为靠谎言获得的成绩是不能长久的。没有诚信，你虽然短期内可以取得成功，时间长了还是会失败。

○ 谦虚的力量

一个优秀的管理者，同时也是一个谦虚的学习者。好上司之所以能够长期保持优秀，就是因为他们非常谦虚，不断地充电学习。面对下属好的建议，他们能有针对性地吸取，并提拔下属到适合发挥其自身长处的位置上。这就是谦虚的力量。

有些人只盯着上司的才能，他们说："哇，我的老板好厉害，可以五分钟谈下一笔几百万的生意，我要向他学习。"但他们可能并不知道，决定这笔生意能够谈下来的因素中，除了老板出色的口才，还有其谦逊的态度。

你要学会观察现象背后的本质，看到是什么原因让上司坐到现在这个位置，从他身上学习真正有益的东西。平时多与上司沟通交流，去体会他们的谦虚大度，反省自己的不足，这样才能真正学到他们的长处，让自己也变得优秀起来。

○ 淡定的力量

什么叫淡定？赢的时候不欣喜若狂、得意忘形，输的时候不捶胸顿足、自暴自弃，而是心态平和，宠辱不惊，不管输赢，总能保持一颗平常心，按部就班地继续自己的计划。很少有人可以达到这种境界，多数人都渴望成功，惧怕失败，因此事业稍有波动，就非常紧张，情绪也跟着起起伏伏，这就是不淡定的表现。

一位很好的管理者，必定经历过诸多风雨，经历过无数磨难的考验，早就养成了一颗百毒不侵的淡定之心。

我认识一位叫作马克修斯的企业家，他是做农产品出口生意的。有一次由于国际粮价的下跌，他的企业赔掉了足足 400 万美元，眼看连银行贷款也还不上了，他的部下和亲人都吓得要死，有的人甚至选择离职，大家情绪都很低落，但马克修斯却相当镇定。在给我的电话中，他冷静地说："李，我当然十分紧张，但我知道，紧张和恐惧于事无补，我必须保持镇定，让部下和我的亲人知道——无论出了多大的事，我都可以被依赖。事实上我也做到了，人们很快跟着平静下来，我们一起想办法，解决这个难题。"后来，他们的确也解决了这个难题，渡过了这个难关。

跟着像马克修斯这样的老板，你才能明白他们为什么能够成功。从他们身上汲取这些积极的力量，你才能变得和他们一样优秀，才不至于继续平庸下去。

上述的这六种力量既代表了做事的原则，也体现了做人的方法。我们要想成功，就一定要做好这六个方面。

服从的秘密

和上司在一起工作，避免不了在"服从"和"不服从"之间犹豫。一个来自巴西的男孩圣蒂贝就时常会有这种烦恼，他说："我觉得老板经常犯错误，我觉得他做的有些决定并不正确，我很想反驳他，告诉他到底应该怎么做，但每当我一开口，我就会被他训斥。他甚至降薪处罚我，我如果再顶撞他，就要被解雇了。"

我问他："后来怎样了？"

圣蒂贝坚定地说："当然是我对了，虽然不是全部。"

有他这种经历的人不在少数，人们习惯性地质疑权威，虽然老板很能干，是业界强人，但也会犯错。有的上司命令下属去做明显会遭到惩罚的业务，有的上司则为了自己的虚荣心强令部下服从他的不恰当命令。

在很多时候，我都会抛出这个话题："怎样既服从上司，又不违背你的内心？"这很难做到，不是吗？但如果讲究一些技巧，有时候还是可以两全的。我们既能够保全上司的脸面，又能表达自己的想法，让双方的关系十分融洽。这对赢得上司的信任来说是很重要的。

我在华盛顿的机构的助理去中国出差，回来给我讲了一个故事。她去上海探望好友，发现好友有一个细心但却非常唠叨的婆婆，好友却与其相处甚好。跟我讲这个故事时，我也很感兴趣，因为全世界的女人都面临这个共同的难题——怎样在婆婆眼里保持好的形象，还不会特别委屈自己。

当天，她们在外面吃完饭，吃得很饱回到家。好友拿出了一些牛奶让她喝，刚送到嘴边，这位婆婆赶紧过来，急切地说："吃点东西再喝牛奶，空腹喝牛奶对身体不好。"我的助理觉得这真是不可理喻：一个小时前刚在外面吃了那么多东西，可不是什么空腹！

好友似乎看出了她的心思，悄悄地做了一个制止的手势，从旁边拿过来一块面包，象征性地帮她撕了一块，自己也撕下一块。然后两个人各自将半块面包塞进嘴里，嚼了几口，好像要吃东西的样子，她的婆婆这才放心地走开了。

我的助理不解地说："不对，你为什么不把事实讲给她听呢？她明明是错的嘛！"

这位好友却笑着回答："如果我总是计较这些小事，我们早就吵翻天了。婆婆要的就是在这些事情上获得一些成就感，我又何必扫她的兴呢？而且这件事也没有多大意义，不过是半口面包就能解决的问题。当然，如果是很重大的事情，我是不会让步的。可对于这种小事，服从就可以了，这是搞好关系的诀窍。"

她提供了一个很好的观点——不重要的事情需要服从，以满足对方的成就感。现在很多职业培训机构都在鼓励年轻人坚持原则，无论任何事都要坚持自己的看法，这有时候其实会起到很大的误导作用。

事实是，如果你觉得对方错了，当你指出来时，对方不一定会改正，也不一定接受你的建议，而且还会非常生气。尤其是对于高高在上的领导来说，他们哪怕明知自己是错误的，也很可能不会因为你告诉了他们而领你的情。

所以，对上司直言不讳未必会有好的效果，要赢得他们的尊重并不容易，特别是在一些类似的问题上，服从或不服从，有时十分难以选择，却是一个重大的考验。

我的建议是：小事需要绝对服从，大事可以郑重商讨。

后来，我在华盛顿与另外一位朋友闲聊，说起我客户的公司发生在他们流水线上的一个事例：

有两名员工采取同一种方式对产品进行打包，没有什么不同。他们的经理经过他们身边时说了一句："哦，看起来不怎么结实嘛，能不能再加固一下？"

两个人都明白这个经理是没事找事，其实已经够结实了，但员工 A 的选择是立刻加一条打包带，但在经理走后又撤掉；员工 B 呢？他停下手中的工作，向经理表述自己的看法："老板，现在的包装已经很好了，非常结实，这是经过验证的。"与此同时，他还觉得员工 A 是一个非常虚伪的马屁精，真正为公司着想的其实是自己。但结果呢？

员工 A 的处理方式是比较好的。

和我助理的那次经历一样，有时事情的本身其实并不重要，而且一点也不影响生活和工作的质量，但却体现了你与上司打交道时需要注意的一点：越是细小的事情，越是考验你的情商。其实，你是服从还是不服从都不影响最终的结果，你的态度才是对方想看到的。

好上司和坏上司的区别

针对人们心目中的好上司和坏上司，我们联合美国求职招聘网站和格莱特管理咨询公司做了一次调查，最后获得了一个排名结果。

在求职者心中，好上司至少在以下十个方面做得很好——

○ 感谢

当员工付出努力时，他们必须懂得表示感谢，无论在口头上、书面上还是在金钱上。

○ 期望

他们要表达自己对员工的良好期望，并清晰地说出来鼓励员工的士气，即便员工自己并不这么认为，好上司也要经常鼓励他们。

○ 仁慈

对员工要仁慈、和气、平易近人，不能粗暴而让人生畏。不过，有再好的脾气也要与员工保持足够的职业距离，这很难把握好，但人们就是这么要求的。

○ 指挥效率

分配工作的能力要强，不能因为不喜欢某项工作就把它扔到一边不去处理，要让手下感觉公司运转良好，好上司当然要指挥有序，从容淡定。一个总造成工作大量堆积的上司显然是不称职的，这也会连累下属。

○ 懂得分享和承担责任

在工作做得很好时要把功劳与手下分享，在工作发生问题时要知道站出来承担责任，保护下属。

○ 理解

对员工偶尔发生的错误，要持理解和包容的态度，而不是苛责刁难，借机打击报复和整治下属。

○ 解决重点问题的能力

好上司要擅长解决重点问题，把必须优先考虑的事情处理妥当，要有一种可以给手下指明方向的能力，并向他们传授经验。

○ 倾听

好上司愿意倾听下属的想法，尤其是做某件事的创新方法，满足下属的表现欲望。在下属诉苦时，应尽量保持淡定，给手下发泄情绪的空间。

○ 幽默

好上司应该有幽默感，不介意在公司中讲些笑话，调节气氛，不会对每一件事都特别严肃。幽默是最受欢迎的好上司的特点，没有人愿意在紧张、枯燥和令人窒息的环境中待上八个小时。

○ 照顾弱势者

好上司应该可以想起来并及时关照团队中的弱势的小人物，让他们感觉到被尊重。

坏上司则有十个明显的"不良习惯"——

○ 苛刻

对员工不停地挑剔，喜欢把气撒到手下的身上，好像自己的下属没有一个是称职的。

○ 朝令夕改

上午发布的工作指示，中午就更改了。对于既定的事情该怎样做，坏上司总是不停地冒出"新想法"，让下属十分痛苦，也经常让团队的工作陷入停顿。

○ 压迫感

在他们手底下工作战战兢兢，即便真的生病了，去请假都像犯下重罪——坏上司会给你这种不好的印象，他们有极强的压迫气场，让你觉得只要不把工作做得特别出色，在他眼里就是垃圾。

○ 控制员工的非工作时间

在非工作时间对下属发布命令，比如在吃饭的时候让员工马上赶到公司，不得延误，只不过去处理一点并不紧急的事。

○ 命令模糊

没有清晰的指令，经常让下属去猜，或者认为自己的眼神和肢体语言已经把自己的想法表达清楚了，如果下属领悟不了，就是太过愚蠢，跟他们没关系。

○ 随意指派任务

占用手下的时间去做非其职责范围内的事，比如让员工为他们的家人或他们自己购买物品、做其他私事等。类似的上司有不少，他们令人印象深刻并深恶痛绝。这会让员工感觉自己不是在给公司打工，而是成为上司的用人。

○ 批评从不缺席，表扬总不到位

在做错事情的时候，上司第一时间批评你；但当你做对时，表扬却从不出现。

○ 打压潜力型员工

压制有潜力的新人，生怕别人抢了他们的风头或者取而代之。这是坏上司的主要毛病之一，他们总是对能力很强的下属持敌视态度，将其视为竞争对手，而不是互相协作的团队成员。

○ 让下属背黑锅

坏上司总是拿别人当枪使，得罪人的事都让员工去做，自己站在旁边看笑话；一项工作搞砸了，他们就把你推到前面背黑锅。

○ 不涨工资

提到加薪的事，他们就会转移话题，而且永远不会主动提及涨工资的事情，即便你对公司非常重要。

很多人认为好上司比较难找，坏上司却有很多。不论好坏，我相信他们都充满委屈，只要看过了这个调查的话。你可以对照以上的标准，看看自己的上司符合哪几条，并为他进行定位。通常来说，人们心目中优秀的上司必须达到上述好上司的全部标准，才算达到要求，但只要符合坏上司标准的任意一项，人们就会觉得他是个不好的上司了。

这里不去讨论对于标准的异议，在你初入职场时如果能遇到一个既有能力，又知人善任，还和蔼可亲的上司，当然是幸运的。我会说一句恭喜你，因为他一定能给你许多指引，你既能得到尊重，又能获得自信，这会为你一生的事业打下好的基础。

但是，现实如果相反怎么办呢？而且现实往往是相反的，因为大多数人都在抱怨自己运气不佳，遇人不淑："无论我换多少工作，老板都是一副面孔，他们一点儿都不好。"

万一你遇到的是一个典型的"坏上司"该怎么办呢？他动辄就批评你、骂你，而你又不能很快找到新的工作，难道你就要从此"破罐子破摔"吗？

杭州一家公司的工程师白小姐，上班报到的第一天是在泪水中度过的。这是她一年内的第三份工作，她还是没碰到自己喜欢的上司。有些人在给她发布任务时就像在讲天书，且不给她提问的机会，而是让她在最短的时间内自己去理解。

如果有失误会怎样？对不起，劈头盖脸的痛斥和羞辱立刻到来。白小姐说："我都想去自杀，感觉自己的人生完蛋了，都说事不过三，我接连换了三次工作还是摆脱不掉这类人来当我的顶头上司。"

能怎么样，难道真的去死吗？白小姐当然不会。她决定接受现实，以自己的耐心对付上司的蛮横。她在这种恶劣的环境中学习，而且发现自己也能慢慢适应，从这个"坏上司"的身上学到了"好上司"无法教给她的东西。

我们都应尽量为自己找一个好的老板，他们比好的公司要重要。但如果事与愿违，你也不必灰心丧气，因为在由坏上司组成的这所学校内，你其实也有许多功课可以学，能够学到各种可以终生受益的生存技巧。

第五章

找到靠谱的合作伙伴，
事业稳如泰山

选对合作伙伴，事业更上一层楼

对于合作伙伴的重要性，以及应该如何选择合作伙伴，巴菲特的经验是："我所投资的人，必须同时具备三种素质：诚实、智慧和激情。如果他不是个诚实正直的人，拥有再多的能力也没用。"找到一个好的合作者，你能收获的不仅是更广阔的眼界和视野，还有更多的人生机遇。但是，对于合作伙伴，你需要睁大眼睛，就像辨别宝石的成色一样精心挑选。

合作伙伴就是衣食父母

我们必须知道怎样抓住好的合作伙伴，这样我们的事业才能蓬勃发展、积极向上。你知道如何让合作伙伴对我们的工作产生积极的影响吗？首先人品很重要，其次才是工作能力。人品不行，做事也就不靠谱。业务能力从来不是最重要的，不要以为只要有能力，别人就会跟你合作，高品质的人对伙伴的要求向来都是德才兼备。

有一次，我和上海一位姓陆的投资者共进晚餐时，对如今社会发展的快节奏和逐渐增加的压力进行了讨论，也谈及了我目前在美国和中国正在开展的工作。

陆先生对我关于"合作伙伴决定事业高度"的观点十分认同。他认为目前的商业正处于一个经济周期的后期，个人和企业的竞争环境都在恶化，社会过度竞争严重，大多数行业的盈利能力都在下降。此时，依靠个体的力量是很难独自闯出一片天地的，甚至连生存都会成问题。

这位投资者算是我所知道的强人之一，他是一个高效率的工作狂。别人需要 5 天时间完成的工作，他的公司只用 2 天就可以完成，甚至完成得更好。我问他是如何保证这一点的，陆先生回答说："一个人的力量太有限了，没有精力考虑那么多事情。我从来不会一个人战斗，我会与人合作，建立团队协作的公司文化。幸运的是，我拥有几位与我一样追求高效率的股东，我们从来不在琐事上争论，不在大事上扯皮；我们快速决策，快速行动，因此省掉了其他公司长时间开会研讨的过程。"

我根据他的情况来分析社会的现实，发现他所说的那些无意义和低效率的事情每天都发生在我们周围。企业家和个人都不例外，独裁的决断者、迷茫的工薪族、失败的创业人士，实际上其中很多都是由于选错了合作伙伴，最后导致挫折、收益欠佳或效率低下。

回顾我和史密斯共同建立的公司，在十年的经历中，公司始终遵循一条主线：合作大于一切。我们的管理团队很优秀，管理人员之间建立了高度信任的合作关系；我们拥有好的客户，彼此能够长期合作。遇到问题时，我们即使争得面红耳赤，以很不愉快的争论告终，每个人也会就事论事，尽职尽责，且以高效的行动对待每一个细节，共同努力寻求最佳解决方案。

选对人，做对事

这是我的公司成功的保障，同时也是你可以借鉴的经验：选对人，做对事。

如何才能判断你的合作伙伴是不是一个容易合作的人呢？我总结出了六个要点来供读者参考。

○ 联系方式是否公开，对问题的反应是否迅速

好的合作者总是会对任何有联系需求的伙伴公开即时的联系方式，这意味着对于责任的承担。并且，他们会在沟通时及时为你提供消息，不管是好的还是坏的。在遇到问题时，他们的反馈也是迅速的，从不逃避，也不会突然就挂掉电话，或者让电话处于无人接听的状态。这种坦诚的态度是很难得的。

与之相反，坏的合作者要么隐瞒坏消息，要么就是漠视你的反馈意见。在一个团队中，他们的形象总是不光彩的，比如出现问题时他们会威吓下属："你这样做到底为了公司还是有其他什

么目的？你确信不是你的责任吗？"他们非常不坦诚，总以各种方式来达到推卸责任的目的。

○ 是否乐于帮助别人，是否总是索取者

优秀的"队友"深知保持亲切友善的态度对于未来成功的重要性。他们也明白，只有帮助别人，最终才能帮助自己。因此你可以观察他们，看他们是否经常有投机行为——当你们的合作无利可图时。这能看出一个人是不是贪图利益的索取者，为了一点蝇头小利就出卖你的人，是万万不可与之合作的，否则你将亲手为自己挖下一个陷阱。

○ 合作的动机如何

是想一起发展事业，还是想捞钱走人？这一点极为重要。当你问一个合作者他的动机是什么时，他的回答是"多赚点钱"还是"改变世界"？我们不一定真的要改变世界，但起码需要队友有一些理想主义，而不只是为了赚钱。

我曾对一名希望得到天使投资的创业者说："当有人下注在一个企业家的身上，目的是在 1—2 年内就赚取收益时，这与玩火没什么不同。"这名创业者刚得到了一笔 300 万美元的投资意向，但苛刻的条款规定他必须在 2 年内提供超过 30% 的收益回报。他正为这个机会而沾沾自喜，我却已看到他的"末日"。

这样的投资者（合作伙伴）就是不能接受的，他们不会是

你人生的天使，反而会让你的余生受到拖累。如果合作的动机只是利润，那么当企业的发展与计划脱节时，他们是很难想出解决方案并带领团队积极进取的，而是会寻找退路——把你扔在"火坑"里承担后果。

只有动机不在于金钱的合作方才能让你的企业得到发展壮大，这是基于一个原则：动机决定了努力的方向。

○ 是努力扩大共同利益还是只争取私人利益

如果双方都在纠缠"各自能获取多少"而不是"公司得到了什么"，可以预见的是，大麻烦就要来了。如果双方都只在争取私人利益，把共同利益扔到一边，就会产生无休无止的内部矛盾，拖累整个事业。在这种矛盾中，总会有牺牲，结果就是双输。

○ 是否在意你有其他的一起合作的关键人物

这一点讲的是定位和心态。假如合作方对你们关系的定位是独占性的，那么他就不会允许你再找其他的伙伴，哪怕第三者的加入能扩大你们的事业，他也会产生心理抵触乃至行为抵抗。当你开始组建一个团队或者成立一家合伙的公司时就会深切地体会到这一点。

有些合伙人害怕公司招入更强的人才，拒绝扩大规模；有些合作方则逼迫你签署排他性协议，来垄断你们之间的合作。这将导致一个恶劣的局面：你的远景规划和近期目标都会受到束缚。

好的合作者是不会介意你寻找第三方的，他应该乐见其成，还会主动促成并加入共同合作的阵营中来，以无私的心态让你们的事业节节攀升。

○ 确认你的感觉

在得出判断结果的最后时刻，我们必须与自己展开一场对话，可以用"直觉"再加上"经验"轮番来问问自己：我相信自己的合作伙伴吗，是不是常被疑虑占据头脑？

通过这种做法你可以审查自己作为"合作伙伴"的资格，提升与人合作的能力。例如，我们可以询问自己如下问题：

"在工作中产生问题时，我会第一时间质疑同伴而不是我自己吗？"

"我有没有担心过其他人在我背后做了什么小动作？"

如果你的答案总是肯定的——多次重复询问后仍然坚持这样回答，我想你就遇到了一些麻烦，不是"他"不行，就是你自己需要清除头脑中的不良想法，否则你在合作中会经常追究对方的责任而不考虑自身的错误。

寻找"增值者"

真正优秀的合作者应该是值得我们付出全部来与之共事的。他们可以承担责任并且为共同的事业提供价值的"增值"，可以与我们一起降低风险，增强我们抵御外界危险因素的能力，还可以帮助我们吸引、留住优秀的人才，建立核心价值观。

好的合作者拥有广阔的视野，而不是只看到自己的那条小路，不顾及他人的情况。

对冲基金老虎基金的创始人朱利安不但精于投资有潜力的企业，而且对于企业管理者的研究也相当到位。他经常询问下属："你的那些管理工作都完成了吗？"在日常培训中，他希望自己的团队不要只关心投资业绩，更要调查了解所投资企业的管理者，要对其工作的方方面面都一清二楚，以此来做出综合评价，确认是否值得长期合作。

人生实在是太短暂了，假如一个人总是给你带来烦恼，你根本不值得在这些烦恼上浪费自己的宝贵时光，果断地走开才是明智之举。你要小心选择合作伙伴，特别是要关注他们的人品和过去。不要放过那些容易产生隐患的细节，否则随着时间的流逝和合作的推进，你会发现，自己身处的环境已经有些危险了。

必须有两到三个长期合作的人

我们都希望找到几个可以长期一起共事的人。谁能找到这样的人——或同事，或客户，或朋友，或公司的合伙人，双方可以互相扶持，共同进退——谁就在今天这个世界的激烈竞争中占据先机，拥有莫大的本钱。

我记得在一次集体的亮相时，腾讯公司的几位创始人——首席执行官马化腾、首席行政官陈一丹、首席技术官张志东和首席信息官许晨晔就曾经向公众讲述了他们是如何相识并走到一起的。

很早他们四个人就认识了，早在中学时期他们就是同学，那时候他们就结下了初期的友谊。后来，他们一起建立并且见证了腾讯帝国的发展。我很少见到哪个公司的管理层有这么长时间的交往，在我们收集到的全球 50 万家企业的管理者的资料中，都没有发现与他们四位相似的企业管理者。

因此，当史密斯看到腾讯公司管理层的资料时，立刻就把他们的经历单独拿出来进行讲解和分析，我们准备的题目就是"你如何找到可以和你共事 10 年的同事"。

马化腾一直以来是作风低调的人，他曾对公众说起过自己年轻时的经历。他说："毕业时我曾经想过在路边摆摊为人组装电脑，最终踏实找了份工作，在大公司一做就是多年。"其他的三个人则是继续读书和考研，毕业后也都先去企业学习锻炼了很多年。然后，他们走到一起，怀着共同的理想做一些事情。

总结这段经历，他们一致认为，他们前期的积累是必要的，同时好的合作伙伴也是在这时候结识并建立深厚友谊的。

最后马化腾说："我当时找工作时是不看工资多少的，只要自己喜欢、学有所用我就很高兴了。"这表明他在事业初期的工作态度：打基础的时候，不看能赚多少钱，而是看能不能学到东西。有好的心态，就会有多的收获。没多久，他遇到了张志东，更巧的是，张志东也和他一样在做网络寻呼的业务。于是，接下来发生的事情就顺理成章了，他们开始合作，碰撞出灵感与火花，成就了今天的腾讯。

我们想做一番事业，一定要和彼此信任的伙伴一起打造一个共同做事的平台，来实现自我价值。在这个平台上，大家都能发挥个人所长，施展自身才华，并且形成互补，这是很重要的。

一般来说，一位成功者在自己擅长的领域、从事的行业内，都需要至少两到三位长期合作的优质伙伴。

腾讯公司可以说是中国互联网发展最快的企业，已经创造了互联网领域的神话。它能发展到今天，跟它的高层人员的稳定以及高层之间的深厚友谊是分不开的。他们几个人早在大学时期就互相熟识，在漫长的岁月中建立了普通人无法理解的信任。在工作中，这种默契程度和高度一致的价值观，是强大战斗力的保证。

任何一个具有创业冲动或者远大理想的人来询问我如何建设自己的商务关系时，我都会告诉他——选择合适的合作伙伴是走向成功的第一步，也是很关键的一步。

我在国内读大学时，最庆幸的就是认识了几位朋友。我们几个人住在同一间宿舍，经常彼此调侃，互相嘲讽，打打闹闹，是一群铁哥们。我们在关键的事情上态度非常一致，彼此无条件地信任与支持，这让我体会到了"忠实伙伴"的重要性。

在长江实业做电器营销时，我的感受就更深刻了。我一直认为自己在长江实业最大的成就不是卖出了多少产品，而是认识了后来加盟我公司的两位重要的管理伙伴：陈志伟先生和苏黎先生。他们坚定不移地支持我对于香港地区电器营销方略的改革，在我处于高层不支持、部门前途堪忧的困境中时，陈、苏两位同僚宁可签下"生死状"，也要站在我这一边，和我一起走访各区的销售中心和大型超市，说服它们的负责人，来重新启动新方略的谈判。

正是他们两位给了我继续奋斗和坚持的信心。后来我们的销售部大获成功，就连一向与我们势同水火、关系不睦的市场部主管都打电话祝贺，并示好于我，邀我周末去打高尔夫球。我非常感谢他们的信任，几年后我在新加坡开始尝试独立运营策划机构，我的第一个念头就是给他们两人打电话，郑重地邀请他们加入。

我对他们说："有你们两位在，我心里就有底。"

好的合作伙伴就是这样，同事也罢，客户也好，在你们的合作中都会给你一股底气。这股底气来源于信任，更来源于你们对彼此实力的认可。

在这方面，个人与企业的选择在本质上是相同的，我们做什么事都需要伙伴，需要能够长期陪着我们一起走下去的盟友，可以是朋友、客户、投资者，甚至是没有利益关系的局外人。不管现实中他们是什么角色，前提都不变，那就是他们能够为我们提供支援，尤其在我们落魄和不被人理解、看好的时候。

我曾对学员说："完成一项事业会经历许多有意思的事，其中最令你难忘的，一定不是赚了多少钱、获得了多少荣誉，一定是和你共事的那几个人在感动你，是与你合作的那些客户在影响你，你与他们之间的故事，在勾画你人生的风景。"

今天对有事业心的人来说是一个最好的时代，我们有许多事业可以选择。我们既可以去单位上班，老老实实做一个白领；也可以选择去创业。现在创业的门槛是不断在降低的，银行有资金的支持，市场有项目的涌现。今天能够与我们一起合作的人也非常多，我们有很多选择。每个人都在寻找合作伙伴，大到天使投资人，小到个人投资者，或者有一些好的市场创意的人。

这个世界上的机会越来越多，到处都是人们留下的寻找合作者的"漂流瓶"。关键就看你自己如何选择，也看你自身的价值如何——你是否值得别人来选择呢？

不管你的事业目标是什么，你都离不开很多现实问题：你要支付成本，招聘人员，培训员工，为客户服务，为产品负责。我们在不同的阶段面临着不同的任务，更重要的是，我们一路走来，需要在不同的节点做出正确而不是错误的决策，当然我们还要学会分析什么是正确的、什么是错误的，这是每个人都必须面对的一件重要的事情。你必须要有合作意识，并为此付出足够的努力，来找到那些靠谱的人，帮助推进自己的事业。

选择理想的合作伙伴和建立商业模式同等重要。在事业发展的不同阶段，在人生成长的不同时期，我们可能需要引入不同的战略合作者，然后和他们一起走下去，互相学习、互相扶持，这样才能取得更大的成功。

小心别被牵着鼻子走

"在某些事情上，你有没有被别人牵着鼻子走的经历？"

"在与一位合作伙伴的相处中，如果你感觉自己长期处于被动的地位，你会怎么办？"

我相信每个人都有过这样的经历。不只在工作中，生活中我们也经常会发现自己成为一名情绪或行为的"受控者"。比如，在看电视剧的时候我们很容易受到剧中人物的影响，剧中人哭时我们也哭，剧中人笑时我们也笑。有个人做了一些不好的事情，当我们看到这个人的时候，即使没同他打过交道，也会对其嗤之以鼻。

这是人之常情吗？你有没有发现你仿佛被牵着鼻子走而你却无法做主？

人的情绪是一种捉摸不定的东西，所以情绪管理并不容易。有些人过于放纵自己，疏于对情绪的控制，就极易出现情绪不稳、被他人掌控的情况。他们在不知不觉中把情绪的主动权交到了别人的手上。

在生活中失去情绪主动权的例子随处可见，比如恋爱中的男女，他们常常会因为恋人的一句赞美而开心一整天；如果被对方冷落或者批评，则会郁郁寡欢好久。如果把喜怒哀乐的权利交给别人掌控，自己就会深受其害。

很多人看不穿这种状态，无法跳出情绪的陷阱，不自觉地就会受到他人的影响。这种影响对我们并没有任何积极的意义。别人的悲喜和你有什么关系吗？你陷入别人制造的情绪氛围中，对方会因此而改变什么吗？事实上，他人与你无关，你的低落情绪也改变不了他人。

我们经常犯的一个错误就是拿他人的错误来惩罚自己。那些让你感觉愤怒、失落、痛苦的事情，很多时候并无意义，而且还会让你失去自我。有的人喜欢听从别人的意见，甚至完全把选择权交出去，轻易受他人意见的左右和影响。

或许，你身边就有一些人喜欢对你"指手画脚"，他们告诉你应该怎么样，怎样做是对的，怎样做是错的，你依照他人的标准活着，最后发现苦不堪言的是自己，而你的选择对他人并无影响。

广州女孩陈琳到了二十五岁的年纪时，身边就开始有人鞭策她了——老大不小了，应该结婚了，再挑下去就成"剩女"了。陈琳被"老大不小"的评价吓坏了，开始全力相亲，与别人交往，最后却发现自己一无所获。工作没有成绩，积蓄没有增加，一天天筋疲力尽，心态也变老了。

还有的人迷信权威，没有自己的主张，不敢表达自己的意见，宁可亦步亦趋，也不坚持己见。生活中这样的例子数不胜数，如何摆脱被他人牵着鼻子走的状态，值得我们每个人好好思考。

有个实习医生毕业后到一家全国知名的大医院实习，她幸运地被安排给一位很权威的外科手术专家做助手。

有一天，医院接收了一个生命垂危的病人，手术持续了十多个小时，终于进入了最后的缝合工序。然而，实习助手这时候却非常严肃地对手术专家说："我们用了 10 块纱布，可是我只见到您取出了 9 块，是不是再检查一下？"

专家只是看了她一眼，没理睬她，并命令她立刻缝合。实习医生没有服从命令，她坚持自己的意见，义正词严地说："作为一名医生，我不允许自己这样做，除非找到第 10 块纱布。我必须要对这位病人负责。"

手术室里的人都被这个年轻的实习医生惊呆了，敢挑战权威外科专家的人，她是第一个，很多人甚至已经想到了她永无出头之日的下场。然而，外科医生却突然态度一转，会心地笑了起来，他举起背在身后的左手，手里正是第 10 块纱布。

手术结束后，这位外科医生宣布正式收这个胆大的实习生做学生，并允许她参加所有他主刀的手术。他正是打算通过这一次考验，选出自己最想教的人。

只要自己是正确的，就要坚持己见，这是做人的基本原则，要分清是非对错，不要趋炎附势，要有底线。

彼得·林奇曾经说过："听华尔街那些专家的分析，还不如回家睡觉有价值。"一个人离开了他人的示范就无所适从，一辈子就只能当个可怜的跟屁虫。要想取得成就，就必须丢掉拐棍，抛开依赖心理，独立自主。

○ 保持独立思考，做出你自己的"理性判断"

缺乏独立思考能力的人很容易失去判断力，很容易被他人的意见左右，总是会迷失方向。"耳根子"软的人，容易被别有企图的人利用，也容易被表象欺骗，做出错误的决断。

○ 相信常识，而不是"迷信权威"

人们总是迷信权威，一个人地位高，受人敬重，人们就容易相信他办事或说话的正确性，从而在行为上进行效仿，比如名人效应。名人做广告总是更容易达到一呼百应的效果。但迷信就会轻信，过度盲从权威，就相当于给自己的脖子上拴了一道绳索，慢慢地会使我们变成亦步亦趋的人。

○ 富有主见，打造自己的"标志性魅力"

在人际交往中，那些受人瞩目、人们愿意追随的人从来都有自己的主见，他们敢于挑战权威，不轻易受他人的影响和摆布，有自己的人格魅力，令人印象深刻。仅凭这一点，这些人就可以得到他人的仰慕和信赖。

你需要加入怎样的圈子

关系在某种程度上来说由四个因素构成，分别是平台、合作、团队和渠道。这四个因素合在一起，就组成了圈子。首先，平台很重要，同样一个人放在不同的平台上，可能体现的价值就完全不同，你去马云的平台和去一个普通私企老板的麾下，所体现的价值就可能有天壤之别。其次，合作与团队，也是关系的重要构成因素，是将关系升级的工具。至于渠道，我们都知道，有了关系就有了渠道；没有关系，就意味着没人给你渠道。从功能上讲，关系就是一个可以提供渠道的平台。

圈子的功能

从某种程度上说，圈子是我们的事业高度、方向以及人生质量的体现。一个拥有高品质人脉圈子的人，一定也是个不凡的人。

当然，也有很多人不赞同在交朋友的时候搞什么圈子。他们相信自身的实力，觉得自己本领大，到哪里都是一样的。这样的人相信"是金子就会发光"。当然，一个人想要成功，自身实力是首要因素，但机会却是可遇而不可求的。

在北京中关村工作的 IT 技术员周涛先生是众所周知的技术专家，但他性格内向，不喜欢与人接触，几乎没有什么朋友。他一直在一家科技公司的技术员岗位上工作，好多年后才终于熬成了高级技术员。很多与他同期的同事，技术能力甚至不如他，却早就得到了晋升，成了大区经理甚至总经理。

他们并非没有实力，他们只是更懂得通过圈子把自己的价值广泛传递出去。要知道，当一个人的身份、地位达到一定层次的时候，他是不需要去招聘会、投简历找工作的，仅仅通过朋友的介绍，就会有很多好的企业主动找上门来。

这需要有一个前提，你得有足够的实力，并且出众耀眼，这样才会有人愿意和你做朋友。

那有人会说：我一个刚毕业的大学生，加入什么样的圈子呢？

首先，你必须要做一个勤勤恳恳、脚踏实地的人；其次，你要善于发现并抓住机会；最后，最好找个机会和行业内的长者或者是比你厉害的人探讨。不要小瞧了这一步，这是一个向别人推荐你自己的很好的机会，通过互相交流，你可以向他人展示自己的特长。如果少了这一步，纵使你有千般技能，也会像深埋地下的金子一样，等待被发掘的日子就太长了，甚至永远没有出头之日。

如果你已经 30 岁了，找工作的方式还是通过网上投递简历、参加各种招聘会，这就证明你的朋友圈子太小了，或者说你的能力还不够，你仍需要继续努力。

那么，想要认识某个圈子里的一个人，有没有有效的方法呢？

首先，你应该保证自己有一技之长，你要有别人不能轻易获得的本事。你可以借助某个机会或者身边的资源邀请这个圈子里的人，制造与他们接触的机会，尽量让自己成为某个场合中的核心人士，这样你会受到关注，也能被别人更好地认识和了解。这是一种捷径，也是有效的方式。

值得指出的是，当你有机会加入别人的朋友圈的时候，有自知之明是很重要的。这就是说，你必须清楚地知道自己几斤几两，能够为他人带来多少便利。换句话说，你要知道自己有多少值得别人"伸出贵手"的价值。如果你只是怀着功利之心，想要出人头地，那还是先提升自己的实力再说吧！当然了，如果你具有一定的实力，而且成绩突出，不要觉得不好意思或者自卑，大胆地展示自己，不卑不亢。你展示自己的时候，可能已经有"中意"你的人在关注你了。

重要的不在于你认识谁，而在于谁认识你

你认识谁并不是最重要的，因为我们都认识巴菲特，也都认识马云。谁认识你才是最关键的，因为巴菲特和马云并不知道你是谁。与其绞尽脑汁向成功者投怀送抱，不如提高你的自身价值，让他们知道你，认识你，进而对你感兴趣，然后产生合作的可能性。

想加入高质量的圈子，你自己首先要成为一个高素质的人，而不是随波逐流，妄想什么都不做就得到好的合作伙伴，就能进入充满机遇的圈子中。

实际上，良好的社交关系一定存在两个相辅相成的方面：我们既要去主动结识那些能给自己带来好机会的成功者、潜在的合作者，同时也要不断提升自己的实力。就像灯泡一样，越亮照的范围越广，这样那些拥有能量的人才可以及早地看到我们，然后主动地向我们走来。当我们在这两方面都做得很好的时候，我们不但能拥有好的社交圈子，也一定能够拥有成功的人生。

要经得起利益的考验

现实中，当友情和利益两者出现矛盾的时候，你的友情经得起考验吗？

每个人都需要思考一下这个问题。

很多人在寻找创业伙伴的时候，最先想起的都是老朋友，那些与自己有着共同理想、情投意合的人。这时候，单纯的朋友关系就和利益挂上了钩，而一旦两者联系在一起，利字就会当头。对此，我们应该如何处理呢？

我们从小到大一直在提升自己，也在不断地结交朋友。有些人是我们的发小，大家从小一起长大，有些人在学校里和我们是同学，有些人在公司里和我们是同事，他们是和我们一路走来的亲密伙伴。但是，随着时间的推移、外部环境的转变、价值观的逐渐蜕变、个人发展需求的不同，单纯的情感关系总会悄然发生变化。有些人原本是和我们"恨不得穿一条裤子"的好朋友，在成为创业伙伴后，我们和他们的关系就可能会出现裂缝。这是因为他们无法专一地集中所有精力在对方身上，有时候在友谊之中，还会掺杂利益的因素，此时要想处理好和朋友之间的关系，首先应该问问自己的内心，利益被放在什么样的位置上。

生活中不乏好朋友反目的案例，两个好朋友一起长大，一起玩耍，一起上学，一起进入同一家公司的同一个部门。两个人都把对方当成此生至交，在他人眼中他们也是真挚友谊的典范。然而，就是公司内部的一次提拔，却导致两人走上了利益的对抗，20 多年的友谊被彼此抛诸脑后。

在现代人的交往中，分清楚"利"和"义"，是处理好关系非常重要的一点。就算无法完全分清，也应该以理解、尊重、沟通、协商为前提，尽量不要产生误会和隔阂。对于朋友之间的合作，要有这样的认知：我已经准备好接受并处理关系的转变。要有准备地面对和处理感情关系的变化。由此才能发展出一段健康的友谊，双方才能长久地合作下去。

也就是说，在情感和利益关系中必须要把握好度，要找到一个平衡的点，这对于一段关系来说是非常重要的。换句话说，就是你要接受在这段关系中有所妥协。不要过多地要求你的伙伴做出退让，该自己做出牺牲的时候千万别含糊，遇到分歧一定要通过良好的沟通去解决，不争不抢，对对方尊重、宽容。

朋友是我们人生中巨大的财富，无论过去多少年，友情的内涵也不会发生多大的变化，真正的友谊是永恒的。真正的朋友不在乎你是贫穷还是富有，都愿与你分享快乐，即使你身陷困境，也会愿意倾尽全力助你渡过难关。友情不应该与利益混淆在一起，不管你现在身处什么位置，一定要珍惜和好好把握，任何一份友谊都是来之不易的。

和正直的人一起合作

做人应该正直，一个正直的人才能得到别人的信任，才能体会人世间的美好和温暖。如果一个人整天虚伪地生活，不能真心地对待身边的人，那么他就找不到相信他的人。

我们怎样辨别一个人是否正直呢？正直的人无论在什么时候，不管和什么人在一起，都会忠于自己，并且坚守自己的信仰及价值观。

你也许会问，为什么需要和正直的人合作呢？多和正直的、品德高尚的人交朋友，能够帮助你净化自己的朋友圈。当然前提是，你也是一个正直的人。

由于人们成长的轨迹不尽相同，因此人们的道德水平也不同。你越有非凡的才智，就越要找到正确的奋斗方向。有一句话叫"聪明反被聪明误"，意思就是人太聪明了，反而会把自己给害了。很多经商的人一切以自我为中心，只要自己赚钱就行，不惜牺牲别人的利益，最终成为商业丑闻的主角。有才华的人往往过于相信自己的实力，过于自负，容易向错误方向发展。

稻盛和夫用"人格＝性格＋哲学"来定义人格，与生俱来的性格，加上人生路上学习到的、领会到的哲学，就形成了一个人的精神品格，而这种人格也就决定了一个人一生的行为方式与生命状态。从这个公式中我们可以发现，人先天的性格都有不足之处，最好的性格也不是十全十美的，但是我们可以通过学习来掌握高尚的人生哲学，重新塑造我们的精神品格。

那么，我们需要什么样的人生哲学呢？按照稻盛和夫的理论，简单来说就是"作为人，何谓正确"，也就是父母教给孩子的简单质朴的做人的道理，是自古以来人类所提倡的伦理道德，它经过了人类世世代代的传承。我们从出生到死亡，一直都要学习这些"准则"。与正直的人交朋友也能帮助我们理解这样的"准则"。正直的人就像一面镜子，可以帮助我们发现身上的缺点，并督促自己改正。正直的人，不说假话，不取巧，该批评就批评。

正直的朋友是我们活在这世间所能拥有的美好的财富。老人常说："你是什么样的人，便会有什么样的朋友。"能交到品德高尚的朋友的人，其本人也必是品德高尚的。如果你没有正直的品格，即使拥有卓越的才智，你的优势能力也会因为不能被运用到正确方向而最终失败。

正直是做人的一个简单的准则，遵循这一准则，你就不会感到迷惑，就能在正确的道路上阔步前进，就能不断把自己的事业推向成功。你要在生活中不断地加强自身的修养，多多结交正人君子，正所谓"亲君子，远小人"。

好客户的六大标准

如何判断一个客户是不是好客户，我为你提供六大标准。

○ 反应迅速

对问题的反馈与行动总是快速和高效的，遇到问题从不拖延，也不会逃避和无视。

○ 相互认可的态度

在互相尊重和认可的基础上进行合作，而不是刻意挑剔。你一定体验过那种喜欢鸡蛋里挑骨头的人的行事作风，如果你的客户也是这样的风格，那这肯定不是一个好的合作选择。

○ 专业

专业的和过硬的业务素养，是好客户的基本条件。最后解决问题总是要靠专业能力，而不是其他。

○ 从不在价格上斤斤计较

不会在价格上争执太久，也不会纠结于是多赚了一分还是少赚了一毛。一旦确认价格，就不会再谈这个问题。在合作时即便已签署合同，一些人还是会经常回头试图调整价格，给人一种不爽快和小气的感觉。

○ 坚持底线

他们坚持原则和设定的底线，不会因为利润的增长就轻易放弃。这种做法体现的是一种行业道德，表明他们的合作良知与可信赖的程度。如果有第三方给出高价，在合同执行期间，他们对此也不会产生动摇，还会专注地完成你们之间的合作。这并不代表他们不追求利益，却体现了高度的契约精神。

○ 付钱不拖拉

在合同约定期限内总是及时付款，一般不会有意拖延。我相信任何一个生意人都不会喜欢总是延误付款的客户，不诚信的行为总是让人不爽。这一点也是极为重要的。

对别人提出这些要求总是容易的。但是，换位思考一下，我们自己怎样才能当一个好的客户并取得对方的理解与支持呢？

假如自己是客户，我会遵照上面的六大规则和我的合作伙伴打交道，并相信他们会因此提供最好的服务。同时，作为合作链条的一环，我们还要在每一个环节都力求尽善尽美，消除合作对象的担忧与疑虑，这样才能找得到、留得住我们的好客户。作为合作方，人们通常会在合作的过程中有一些胆战心惊。这一方面是因为有些人缺乏职业素养，时不时坑一下客户；另一方面，也是由于人们总在怀疑客户在物色新的合作方，因此战战兢兢，满是担忧，处于矛盾的心理之中。

有一次，我的合伙人史密斯拒绝了美国联邦政府提出的一个不合时宜的价格以后，我毛遂自荐拜访了与美国前总统奥巴马关系密切的一位负责政府公关项目的联邦官员，希望和他当面谈一谈对于价格的认识。起初他拒绝接见我，理由是没有时间。

随后，他给我发来一封邮件。在信中他诚恳地写道："先生，我很高兴你能来拜访我，也非常希望能与你共进午餐。但是，如果我公开接见你，就会有人知道。我们现在的项目代理合同就会被其他机构质疑，怀疑我们是否有私下密谈，从而惶恐地认为这个项目将注定由您和史密斯先生来操作。因此，我不想让他们担惊受怕。"

这位联邦官员的做法赢得了我的高度尊重。我若是其他客户的话，一定会如他所说，因此次会面产生不必要的忧虑。所以，我们作为某一方，在合作中一定要竭尽全力，让客户或有关第三方消除恐惧与疑虑。

我的朋友马凯担任过香奈儿公司在美国的市场部策划主管，后来他又去了通用公司负责营销方面的工作。他在客户的接待、合作方面经验丰富，这位在客户关系方面颇有发言权的行家认为："有一个词可以概括我们与客户之间的理想关系，就是'稳定性'。客户总想求得稳定，总有一方要提供这种信任，并且要想方设法有意识地把它植入到两者的关系中。"

另外，客户很容易被一些别有用心的人搞成替罪羊。比起向股东、同事和员工承认自己的问题，让客户背黑锅好像是一件更容易的事情。但是，在更换自己的客户之前（这是全世界所有的"合作方"最担心的一件事），你应该先自问一下这几个问题：

有的人从他们的合作方那里得到了优质的服务，且从不曾更换合作方，双方关系和睦，这是为什么？

选择新的客户是不是就能解决你的问题？

你是不是曾经坚持要按你的主意来做一个项目，但是最后又把责任推给了客户？

你是不是威胁过你的客户，使他们产生疑虑并且对合作前景充满担心？

你的助手是不是一个总是否定客户建议的庸才？

你对你的客户是否应坦诚相见呢？如果你能直接讲出内心的不满，或许对方会给你你想知道的答案并满足你的一些要求，使你今后得到的服务比从新的客户那里得到的更好。

我经常劝那些试图通过更换客户转嫁责任的项目主管不要这么做，否则只会加重人们对他们的怀疑及不信任，这将使他们未来的事业前景更加暗淡。

细节方面的问题会决定成败。在任何时刻，即便工作已到收尾阶段，我们仍然要考量客户对于细节的要求，面向合作方测试你自己能够提供的服务，不断测试与纠正，这样可以取得他们的尊敬。紧抠细节，即便出了问题，客户的损失也能降低一些。所以要想当一个好客户，你永远不要停止对细节的精益求精，这样你的事业才能不断推进，你才能得到更多人的认可，收到他们主动发出的"合作请求"。

现在许多年轻人不懂得时间的可贵，就好像时间有的是，一点都不需要珍惜。不尊重别人时间的人也不会被合作方尊重，事实上这样的人经常被抛弃，也很难再次获得同样的机会。

几年前，我们在为加州迪奥公司的投资计划对州政府进行公关时，为了在最短的时间内把工作做出来，还要做到最好，我们把时间按小时来分，以加速整个工作的进程。史密斯每小时查核一次工作进展。结果，我们只用了4天就做完了原定17天才可以完成的工作，并赚到了150万美元。当时大部分的公关公司，可能需要30天的时间才能实现这个目标。

后来，迪奥公司向它所有的客户推荐我们公司，并称这是他们"遇到的最有效率的公关机构，值得你们与之合作"。

　　我最后的忠告是：量力而为，不要超支。即便你发现了很适合你的合作者，也不要为了获取对方的支持而投入自己全部的资本。"量力而为"是发展事业的基本原则，一旦采取非理性的投入策略，你最后一定会发现自己得不偿失。

- ○ 必须选择良好的合作方——你有责任为自己选择最好的客户。
- ○ 不要试图和你的客户一比高低——这是非常愚蠢的行为。
- ○ 尊重能为你带来巨大收益的人——好客户可以带来双赢的结果。
- ○ 不要让过多程序干扰你们的合作——建立简单高效的合作机制。
- ○ 确保你的客户也是有利可图的——如果客户不赚钱，意味着你不能提供价值。
- ○ 建立顺畅的交流渠道——不要在沟通环节设置障碍。
- ○ 制订合作的高标准——明确对于细节的要求，合作双方应该互相促进。
- ○ 发掘潜力股客户——我的经验是：平庸的人总是盯着成功者，优秀的人才能发现还未成功的潜力型合作者，然后和他们一起走向成功。

第六章

听一听中肯的声音，
找到一位知己

找到一个能听你诉说心事的知己

我的社会问题调查助理迈克有时很苦恼，他问："什么样的人才可以算是我们的知己呢？"他感觉自己没有什么知己，就连可以在痛苦时诉说心声的朋友都没有。这和我的另一位调查员、来自纽约的女孩芬妮的感觉相似，她自从发现闺密与自己的男友保持了长达两年的不正当关系之后，就再也不相信这个世界上有所谓的知己存在了。

芬妮困惑地说："我认为知己一定是和自己非常亲近同时又和自己同心的朋友，但遗憾的是，我发现自己的生活中根本没有这样的知己，对此我很失望。"

几千年来，尽管全世界不同国家和地区的人对知己有着各式各样的理解，但是万变不离其宗，知己的内涵并不会改变。当然，知己很难找到，两个可以称为知己的人，在于互相欣赏、鼓励、慰藉，而不是互相取乐、利用、嘲讽。知己之间，必须真诚相待，没有欺诈和故意的伤害，也不会有猜忌和厌烦。

除此之外，相同的兴趣也是两个人成为知己的必要条件。只有志趣相投，才有相同的话题。如果两个人兴趣大相径庭，能聊得来的话题也就不多了，自然就谈不上是知己了。

知己的三个特点

○ 要有真感情

两人成为知己的前提就是彼此之间存在着一种尊重、理解和欣赏的感情。在这个基础上，两个人能够相互包容、关爱和共患难。知己之间绝不可以没有情和爱。这是比朋友更高的境界，是友情的升华，是胜过亲情但又与亲情不同的一种感情，需要两个人心灵层面的高度契合与深度的交流。

○ 这种感情必须是双向的

这种感情不能是单方付出，而应是双向的。如果只是单方付出，只是一个人的一厢情愿，就不能称两个人为知己了。

○ 彼此一定要有交流和沟通

知己之间可以毫无障碍地进行交流和沟通，不必担心对方会对自己产生误解和猜忌。没有交流，就不会有理解；没有理解，当然不会有关爱。

知己之间，必须要进行交流和沟通，才能达到心灵高度契合的境界。即便是远隔千里，不能面对面地交谈，至少也要用其他的沟通方式，比如电话、电邮等进行沟通。缺乏这样的沟通和交流，两个人就不能称为知己。

我们有一些很要好的朋友，看起来符合上述的三个条件，但在交往中，有些心里话还是无法向对方诉说。如果你对一个朋友有这种感觉，那就说明他不是你的知己，你们只不过是普通朋友。

总的来说，你的知己是能听你倾诉心事的人。我们当然都想找一位这样的朋友，但是——"什么样的人，我们才可以向他诉说心事呢？"

或者说，我们如何来判断一个人是不是这样的朋友呢？一旦判断失误又该怎么办？

显然，反面的教训有很多。大连的一位刘先生说，几年前他和女友分手后的一段时间，他非常痛苦，很想找个人讲讲心事，却碍于面子，不太愿意把自己的感受告诉朋友。有一次他喝醉了酒，和一位同事聊得十分投机，就和这位同事提起了这件事。他觉得同事一定能理解自己的心声，没想到对方却嘲笑他，还讥讽地说："现在都什么时代了，你还把感情看得这么重，有什么出息嘛！"

从此以后，刘先生就不再相信朋友了。他不敢再对别人敞开心扉，生怕对方非但不理解反而嘲笑他。刘先生说："我很长时间都没能解开心结，不久后女友结婚了，当天我甚至产生了自杀的念头。"

刘先生的经历是很多人都会碰到的。没有选择对的可以倾诉的对象，结果可想而知。这充分说明，一个愿意听你诉说心事的人有多么重要，有多么难找。实际上，我们每个人都会有受到伤害的时候，都有某些情绪需要释放，这时就有必要通过倾诉来疏导情绪。听一听好朋友的安慰和鼓励，获得外部的精神支持，我们就能很快振作起来。

你的知己在你遇到困难时，会无条件地支持你。如果在你跌到低谷时，仍然有人愿意帮你一把，还不求回报，那他肯定是你的贵人了。记住，这种帮助必须是没有条件的、不求回报的；这种帮助的前提，是他相信你这个人，接受你这个人，而不是出于别的原因。

《水浒传》中的义军领袖宋江，可以说既没武艺，又没背景，财富也不多（顶多是一个中产阶级）。但就是这样一个人，却坐上了梁山的第一把交椅，原来的领导人晁盖力排众议，主动让位，推举他当首领，让他领导梁山集团。其中的原因其实一点也不难理解，因为宋江总是救人于水火之中。人们称宋江为"及时雨"，把他视为义薄云天的领袖，就是因为他懂得雪中送炭，在别人最需要的时候及时给予帮助，而且不索取任何回报。

我永远忘不掉史密斯在我最艰难的时候给予我的帮助。2000年，我还没有跟史密斯进行深度合作——换句话说，当时我俩只是普通的业务上的合作者，他还没有成为我的重要合伙人，平时我只是向他进行一些咨询并与其在法务上进行一些合作。这年的

7月，我在洛杉矶开设了自己的第一家社交培训中心（区别于后来在华盛顿与史密斯共同开设的公关公司，两者是完全不同的业务），准备针对华人市场，为在美国发展的华人提供咨询和社交培训服务。

我的想法当然是好的，后来也证明这是一个前景广阔的市场。中国赴美发展的华人日益增加，数量正变得越来越多，而相应的培训及服务公司却相当少。我对自己的这一尝试信心百倍，并从当地的银行拿到了一笔50万美元的贷款。

但是，意想不到的事情发生了。不知出于何种原因，公司营业40天后，才有区区12笔业务。也就是说，这一个半月的时间内，只有12个人找我们咨询，其中没有一个人要求进行课程培训。一笔单纯的咨询费只有60美元（1个工时内），12个人加起来，也只有720美元，只够支付一周的房租。

两个月后，我意识到问题变得严重了。因为这60天内，业务并没有好转，虽然咨询的人数增加了，但参加长期课程的人只有十几个。这意味着公司不但不可能盈利，反而会持续亏损。对于这样的情况，放贷的人总是很敏感的。从第三个月开始，银行就开始催我们还贷款了，他们不相信我的公司可以起死回生。

屋漏偏逢连阴雨，当地的一些不法势力也开始上门，砸了我公司的门窗，还威胁我赶紧搬出社区，不要在这里影响他们，因为这里进进出出的都是华人（这些人是种族歧视主义者）。破产还是小事，搞不好我的员工还会有生命危险。

虽然我没有声张，但史密斯不知从哪儿得到了消息。他第一时间赶到了洛杉矶，并且拿来了自己全部的财产。他见到我时，我正坐在车里抽烟，寻思着下一步是关门大吉，还是想一想有没有什么可以孤注一掷的计划。我听到有人敲我的车窗，惊讶地发现竟然是他。史密斯戴了一副墨镜，神情很古怪，对我挥挥手，淡淡地说："朋友，听说你遇到了点麻烦，需要帮忙吗？"

实际上，史密斯带来的不只是一笔救命钱——这笔钱救活了我的公司，成功地帮助我撑到了市场爆发期，我们还拿这笔钱在当地电视台做了一次效果很好的广告，后来我们把这家公司纳入了在华盛顿的总公司进行管理，实现了升级转型——重要的是，他带着一颗倾听和理解之心，从华盛顿一路疾驰，来到了我的身边，然后听我唠叨了一个晚上，最后拍板和我一起干。

这不正是朋友应该给予我们的帮助吗？

当时我问他："你为什么这么做？不怕我跑回国吗？"

史密斯想了想，笑着说："那我就去中国找你好了，没什么大不了。"同时，他还幽默地表示，如果这笔钱我还不上，他准备到中国买一间民房，余生就当我的债主了，让我每月定期还钱给他。他的语气轻松，显然是为了减轻我的心理压力。

只有患难之交，才能称得上知己；也只有患难之交，才能让你听到最中肯的声音。人的一生不可能一帆风顺，难免会失利、受挫或者面临极端困境，凭借个人的力量往往是撑不住的，这时候我们最需要的就是别人的帮助。

谁在这时雪中送炭，谁就能让我们感激一生。对一个身陷困境的人来说，哪怕是一杯热茶、一句暖心之语，也能使他度过最艰难和最黑暗的时刻，重新获得振作起来的力量。

一个犯了错误的人，大家都不想理他，怕给自己惹麻烦。这时如果有人能和他交心长谈，给他指明方向，就可能使他浪子回头，重新树立人生的正确方向，发奋努力，去实现自己的理想。

在我们的日常生活中也是如此，一个信任的眼神，就可能成为别人强大的动力；一次赞同的掌声，对一个孤独的奋斗者来说可能就是巨大的支持，让他在濒临放弃的关头重新坚定意志，继续努力。

这样的人都是我们的知己，也是我们的人生中非常需要的贵人。你不妨去帮助一下那些需要帮助的人，去扮演这个角色。这样在你遇到困难的时候，就会有人来帮助你。前提是，你的态度一定要真诚，行为一定要适当，要打消他们的顾虑，不要让别人有任何心理压力。

敢对你拍桌子的人是谁

人的一生中会交往很多朋友，他们有的是良师，有的是益友，在成长的路上辅助和指导我们。在好朋友中，有一种是不可或缺的，那就是"诤友"。诤友就像悬在我们头顶的一座警钟，当我们犯错误或者即将犯错误的时候，他们就会提醒我们。就算知道自己的话会引起我们的不愉快，他们也会站在我们的立场上，不怕因指出我们的错误而得罪我们，也不会为了哄我们高兴而欺瞒我们，甚至为了阻止我们的错误行为不惜和我们拍桌子翻脸。

我的好搭档史密斯在公司初创的时候曾因为一点小问题和我拍桌子叫板。

那时候我有一个很不好但是还不以为意的坏习惯，招待来访客人的时候，我习惯性地倚在旋转椅的靠背上。史密斯第一次坐到我面前的时候就非常严肃地对我说："你有一个很不好的习惯，你就像一个不可一世的救世主，旁若无人地倚在靠背上会毁了你的事业。"

我当时认为史密斯是小题大做，不就是一个小小的习惯吗？为什么美国人这么喜欢挑剔细节？然而，在几个星期后的一次来客回单中，我看到了这样无礼而令我羞愧的评价："你也许是一个以为可以拯救世界的自大狂，没错，你表现得很明显。在这一点上，我显然可以指正你。"

这时，我回想起史密斯的警告，并决定从此改掉这个令人讨厌的坏习惯。在此之前，从没有一个人认真指出我这个问题，而史密斯却在第一次见面时就做到了。也正是如此，他成了我一生中最重要的朋友。

回想一下，你身边是否有个这样的朋友？一旦你头脑发热，他会毫不吝啬地给你泼上一盆冷水；他会真正地关心你，整天对你唠唠叨叨；他会看到你的缺点，并坦率地给你指出来。

不要以为这样的朋友是和你作对，清醒地想一下：和你作对除了得罪你，他能得到什么好处吗？既然他得不到任何好处，那他为什么还和你作对呢？显然，是为了你好，宁可冒着得罪你的风险。

关于诤友，有这样一个小故事。

被称为"佛陀十大弟子之一"的目犍连在出家前，是一位年长而有声望之人的儿子，他家境富裕，地位很高，于是就有许多同样有地位的人愿意和他交朋友。在众多的朋友中，有一位名叫陀然的梵志（古印度一切"外道"出家者的通称），两人情投意合，朝夕相处，很快成为莫逆之交。

后来目犍连出家了，开始在外东奔西走，布道弘法，非常繁忙，与好友陀然的交往也就不像以前那么频繁了，慢慢地，两人几乎断了联系。有一次，目犍连回家乡探亲，刚回到家中就有很多人告诉他说："你的好朋友陀然不是个好人，他倚仗自己的地位和权势，欺压百姓，为非作歹。"虽然好久不联系，但目犍连还是对这位老友非常想念，听到这样的信息，他心中难过极了。

有一天，目犍连偶然见到了陀然，一想起他的种种行为，目犍连心中非常生气，于是大声呵斥了他。而陀然却找借口，解释道："我也是为了养活妻儿老小，还得修福积德，祭天拜祖，你知道我也没有钱，所以只好用那些不得已的办法了。"

可目犍连对这个朋友的了解不止于此，他断定陀然说了谎话，于是追问："就算你有那些不得已的原因，也不能非法取利。你告诉我，你真的就只是为了这些吗？"

被老友问到了痛处，陀然顿时哑口无言，心中惭愧万分。他拙劣的谎言显然瞒不过这位老友了，他坦白说："我刚才确实是撒谎了，其实这都因为我娶了一个需要花费很多钱的妻子，她无论衣食住行处处讲究，什么东西都要花钱买，如果我满足不了她，她就搅得家里鸡犬不宁，因此我才那样做的。"

目犍连听后，大加斥责道："你身为大丈夫，怎么能拿自己的老婆做借口？难不成你真的会怕一个女人吗？说到底，这都是你自己没有才能，无法妥善处理这些事情，你心怀不轨，所以才会作恶多端。你就不怕将来的恶报吗？如果自己的妻子真的不够贤淑，你应该规劝她、教导她才是，而不是让她反过来影响了你。"

对于目犍连的训斥，陀然感到非常羞愧，也非常感激，他发誓要改过自新。这些年来，围绕在他身边的都是些阿谀谄媚之人，从来没有人当面指责他，现在他明白，那些人不过是些酒肉朋友，唯利是图，而敢于直言的目犍连才是一生真正的良友。

如果你的朋友不问对错，不分立场地支持你，那并不一定是你的益友。净友的可贵之处就在于他们的态度，他们有底线，有原则，并且对你高度负责。他们能够与朋友坦诚相见，不躲躲藏藏，有话直说，敢于直言利弊，绝不粉饰朋友的缺点和错误。这样的朋友，才会促使你不断进步。

诤友通常具备以下几个素质。

○ 有着丰富的知识

诤友不一定满腹经纶，但他们一定具备丰富的知识，做事胸有成竹，认知独到睿智，分析问题准确敏锐，他们往往是生活中的智者、事业上的成功之人。在你迷茫的时候，他们早已洞悉事物的本质，能够一语中的。

○ 阅历和人生经验丰富

他们就像生活中的"得道高僧"，心中有乾坤，眼中有万物，对人生有着深刻的见解。有时候你会觉得他们能够透过生活中的现象看到本质，他们能给你答疑解惑。他们丰富的阅历和经验，正是可以折服你的地方。

○ 直言不讳，真诚坦然

有的诤友从来不用赞美的词汇，有时候甚至会显得有些刻薄，但他们绝对不是为了嘲笑你而说那些难听的话，而是为了警醒你看到问题所在。很多人在面对诤友的"苦口良药"时难以接受，甚至与其发生矛盾，但过后冷静下来，就会明白朋友的良苦用心。

○ 宽容善良，不为一己之私

诤友不会因为你一时的恼怒而生你的气，他们在对你直言之前已经料到你的态度，即使你暂时不能接受和理解，他们也会给你时间慢慢地消化。这样的朋友是难能可贵的，他们热情善良，不小气、不自私，真正地宽容他人，做任何事情都抱着负责任和无怨无悔的态度。可以说，与这样的人成为朋友，是每个人的愿望。你只要能交到一个这样的朋友，就会得到很大的帮助。

人们在人际交往的过程中，要学会擦亮眼睛来选择朋友。朋友贵不在多，而在于精。我们虽应该广交朋友，善交朋友，但也要注意挑选，多交诤友、益友，不交损友。诤友自身通常都是很优秀的人，要想交到这样的朋友，你就需要付出极大的真诚。有些人怀着功利之心，只想把朋友当踏板。你若存在这样的想法，有思想、有深度的人会一眼把你看穿，短暂的交谈中，他们就能看出你是否把他们当成真正的朋友。

朋友是人的一生中最重要的角色之一，就像有句老话说的那样"多个朋友多条路"，多一个诤友，你的人生就会多一条平坦的光明之路。所以，不管你身处什么样的环境，都要力争做个君子，多结交诤友。

你需要一个能够批评你的人

不得不说，在我们的生活中，除了少数人的批评是恶意中伤和诽谤之外，大多数的指正都是针对我们确实存在的缺点和问题而来的。然而，虚荣和自尊却常常让我们出言不逊，甚至错误理解他人的好意，把应该感谢的人列入"敌人"的名单上。

其实，如果我们静下心来，冷静理智地去分析思考，就会发现别人没有说错，别人指出的可能正是我们不敢正视的问题。

埃尔森是一个化妆品推销员，刚开始接手这份很具挑战性的工作时，他基本上一个订单都接不到。他实在担心有一天会失去这份工作，他开始从自身找问题：是我的推销力度不够吗？为什么我的话不具有吸引力和可靠性？是我不自信，还是不够热情？我一定是存在问题的。

怀着谦卑之心，埃尔森对拒绝他的客户一一登门拜访。他总是认真谦逊地说："我这次回来不是向您推销的，而是希望得到您的批评和建议，真心希望您能告诉我，我在向您推销的过程中，是不是存在不对的地方？请您坦率地告诉我，给我一个改正的机会。"

这种请求他人批评的做法让他得到了很多真诚的忠告。他认真地听取他人的建议，慢慢地成了一个出色的推销员。

后来，埃尔森成了这家公司的副总，地位的高升让他听不到某些真实的声音。有一天他一脸愁容地来到了我的咨询室。

"为什么没有人再批评我？我该如何才能再听到批评之声？"埃尔森问。

我告诉他："这很简单。回去在你的办公桌上摆放一个匿名建议箱，并规定员工只要进入你的办公室就必须把对你的批评建议写在纸上，投入建议箱，违者罚款。"

刚开始的一个星期，埃尔森的建议箱里的纸条上写的全是谄媚奉承的话。埃尔森发现自己如果不做一个"言必信、行必果"的人，这个方法就不会取得任何效果。他大胆地决定，凡这个星期出入他办公室的职员，一律罚款 500 美元；而如果写有批评建议的纸条数量超过出入人员的数量，则奖励每个人薪水提高一个百分点。此条规定一出，仅仅一个星期，他的建议箱里就已经被几百张写有批评建议的纸条塞满了。

其实，请求他人批评指正并不困难，真正关键的是以怎样的态度面对批评。

美国前总统林肯曾有一次武断地签发了一项调兵命令，而身为作战部部长的爱德华·史丹顿非但拒绝执行该项命令，还毫不留情地大呼林肯是"一个笨蛋"。

收到下属如此回复的林肯是怎么反应的呢？他没有生气，而是认真地接受了爱德华的批评，并且很认真地说："如果史丹顿说我是笨蛋，我就一定是一个笨蛋，因为他几乎从未出过错，我得亲自去看看。"林肯赶到爱德华那里后，发现果然是自己犯了错误，立刻撤销了那项命令。

弱者和强者在这一点上是存在巨大差距的，强者通常会把竞争对手当作"诤友"，从竞争对手那里检查自己的得失对错，从而取长补短，变得越来越强；弱者害怕别人看到自己的弱点，还会强加掩饰，知错不改。

在面对别人的批评时，我们要保持清醒的头脑，懂得区分哪些是不怀好意的中伤。那些恶意的批评并不能成为阻碍我们成功的绊脚石，我们可以将其当作一种激励，慢慢地练就强大的抵抗批评的能力。你常常会听到批评者对别人说这样的话：

你是一定不会成功的。

你缺乏成为领导者的潜质。

你的想法大错特错。

你的智力不足以让你成功。

胆小的、抵抗力较差的人在听到这种负面的评价后，会像个挫败者一样早早地败下来，而且很多时候都是主动投降的。如果你身边有人这样评论你，请你保持清醒，不要轻易相信他们。只要冷静下来你就会发现，他们只是在嫉贤妒能而已。

有一位成绩斐然的大学教授说："如果你不发表文章，就不可能得到到好学校任职的机会，但是你会有很多朋友；如果你发表了很多文章，那么在你的同事中，你就不会受到真正的欢迎。"

这话听起来既幽默又让人心酸，大部分成功人士都有这样的体会：在获得成功的过程中，会付出一些代价，也会失去一些东西。那我们应该为避免这种损失而变成一个平庸的人吗？当然不能。大部分成功人士在成长的过程中已经学会了与众不同的思考方式，那些对平庸之辈具有威慑力的批评，他们根本不以为意，而这也成了他们后来逐渐有所成就的原因之一。

寻找知己，别怀有功利心

交朋友的时候你不要看别人的条件好坏，也不要瞧不起人，不然你只会自取其辱。上学的时候，父亲经常这样告诫我，因为任何人的未来都是不可预料的。

现在很多人受某些原因的驱使，把朋友看作一种社会资源，于是刻意去结交有背景、有财富或有地位的人——还有他们的孩子，试图使自己的事业借助这股东风，得到进一步提升。在我们的公关公司和培训中心，许多前来报名求助的人，都抱着这个目的。他们虽然嘴上说的是想交一些聊得来的朋友，但说来说去，还是想进入富人的交际圈，去认识有权有势的人。

目的不良，找的就不是知己了。这种功利性的朋友除了可以在事业上给予你有限的帮助，其实并不能在生活中和你成为情投意合的知心朋友。作为利益之交，他们一般不会管你的感受，也不会在乎你的心灵需求。

交友还是交换？

在今天，以利益结合的朋友越来越多了，能交心的却越来越少了。

纽约的杰森对于友情的失望缘于他与山姆的生意合作。他说："当时我和山姆一起找了个地方，每人拿了10万美元，成立了一家工作室。在出钱之前，我们就签了合同，明确规定了双方的违约责任，后来我发现他这个人在沟通方面有问题，不适合一起合作，而且还没开始营业，他就违反了好几条协议中的条款，所以我就按约定提出了退出。"

"然后呢？"

杰森说："奇怪的事发生了，山姆拒不退给我钱，当时工作室还没花太多钱，钱大部分都在银行存着，但他就是不取出来还给我。我打电话要了几次，又去他家找他，他开始威胁我，让我赶紧消失。"

"啊，你们以前是很好的朋友吗？"

杰森苦笑："听着像遇到了恶棍吧？没错，我们算是很久的朋友，只不过平时不怎么交心，算是利益之交吧。"

我问："最后怎么处理的？"

他低下头，很无奈："我报了警，警察逮捕了他，钱才还给了我。我不想这样，可他为了占有这点钱，撕破脸，不跟我做朋友了，我也没办法，只能让法院替我讨回公道。这么多年的朋友，连几万美元的考验都经不起。"

其实这不仅是杰森一个人的经历。我们多年的调查也显示，有 99.6% 的人和杰森的看法是一致的，人们觉得现在找不到真正的朋友，到处都是功利性的交友网站、社交俱乐部，每个人都怀着功利的目的和别人打招呼，在貌似真诚的后面，不知道藏着什么目的。

在这份调查中，还有 7.2% 的人坦言自己"没有真正的朋友"，有 66.1% 的人表示自己只有 1 ～ 5 个朋友，另外 22.2% 的人有 6 ～ 10 个朋友，有 4.3% 的人表示他们有 10 个以上的朋友。但当我们的调查员问他们与"知己"有关的话题时，几乎所有的人都会摇头，表示根本没有这种不考虑利益交换的朋友。

人们是在"交友"，还是在"交换"？怀有第二种目的的人现在不在少数。

在人们对其理由的阐述中，超过一半的人认为社会的功利化是自己决定进行利益交换的主因，另有 60% 的人把原因归结为"拜金"的风气；同时还有 48% 的人选择了较为中性的原因："现在人脉越来越重要了。"

当然，刻意地避开自身原因的人也很多。不少人将主要的责任推卸给了社会（抱怨社会总是最容易的），有 56% 的人觉得这个社会缺乏"利他精神"，自己不得不随波逐流，以保护自己；另有 48% 的人认为，"这是一种必然的结果，因为大家都在这么做，所以我也只好紧跟其后，否则我会吃亏的"；还有 33% 的人认为，这是"生活压力普遍过大的结果，没什么好奇怪的"；当然，也有 20% 的人选择了我们最想看到的答案，那就是——"有的人并不理解真正的友谊代表什么。"

要真诚，不要总怀有功利心

在一次课程中，为了讲述"功利心"到底是如何害人的，纽曼向人们讲了一个故事，是关于一个聪明人和一个傻子的故事。聪明人和傻子各自得到了一斤羊肉和做羊肉的配方，两个人一手拿着羊肉，一手拿着配方赶回家。但在路上，突然有一群鸟冲下来，把他们手中的羊肉都给叼走了。这显然是一件倒霉的事，羊肉没了，损失很大。

聪明人怎么反应的呢？他气急败坏，上蹿下跳，手指天空大骂。他觉得自己损失了一笔钱。可是傻子的反应与他不同，傻子哈哈大笑，指着那些鸟儿说："你们虽然抢走了羊肉，但是配方还在我这儿呢。"

讲完这个故事后，纽曼说："任何事都有得有失，如果你抱着功利的心态去看待事物，你眼中看到的就只有失；如果你像那个傻子一样，那么不管你的生活中发生什么事，你都能看到收获。"

这是很有益的启示，它告诉我们必须保持一种从容无利的心态，而不是怀着功利心去为人处世。在结交朋友和寻找知己的过程中，我们必须让自己具备这样的心态，而不是非要从对方身上得到些什么。

如此一来，抱着真诚的目的，我们的心态就是平衡的。不管和对方建立什么样的关系，不论对方是贫是富，有没有利用价值，我们都不会受到影响。

你要保持清醒并坚持正确的原则。要把别人对你的付出看在眼里，要有感恩之心。要怀着一颗真诚的心，去对待身边的朋友，这样你才能发现真正可以和自己成为知己的人。

真正的友谊

什么是真正的友谊？我相信不少人对此都有不同程度的困惑。现代人似乎都有许多"朋友"，在社交平台上每天和自己聊天的那些人，还有工作、生活中遇到的各种人，似乎都能纳入"朋友"的范畴。而事实上呢？显然不是这么一回事。

几年前我有一位客户，名字叫作海森。海森是很著名的古董商人，经常来往于亚洲、欧洲和美国，结交了大量的人。他是一个自认为有许多朋友的人。有一次，他去参加一个客户的葬礼，他惊讶地发现到场的死者的所有朋友，加起来只有 5 个人。当他回来把这件事讲给我听时，我一点都不感到奇怪，因为这也是我对他的看法。

我说："相信我，海森先生，将来参加你葬礼的人不会比这多。请原谅我的无礼，但事实可能就是如此。"

海森有些不高兴："为什么？"

我说："因为在我看来，你没什么朋友，就算把我勉强加进去，也超不过 3 个。"

海森张大了嘴巴。他开始替自己辩护："喂，李，你太不了解我了！我的朋友简直到处都是，你想看看我的记事本吗，想看看我的通信录吗？全部写得满满的，足有几百个联系电话。而且我每天都要和至少 20 个以上的人见面、吃饭、聊天……"

我马上打断他的话："不，海森，这不叫朋友，只能称为社交应酬，或者说商业会面，因为你做这一切是为了古董，为了你的买卖，因此他们不算你的朋友。"

这时他有些丧气了："难道怀有功利目的交往的人都不叫朋友？"

"对！真正的朋友，首先是没有功利心的，否则他们都不可能称作朋友，更不能被视为知己。"

友谊必须和你的生意区分开。凡是因为生意走在一起、并以生意为基础维持交往的，大多都不能算作我们的朋友。假如你想在这类人中寻找没有功利色彩的知己，我想你一定找错了地方。

关于友谊，你要清楚以下几点。

首先，友谊不能被考验。如果你准备考验一个人，看他是不是你的朋友，那么你什么都不用做了，他一定不是你的朋友。

其次，友谊不能随便拿来利用。凡是一有机会就利用对方，你们之间绝对不是朋友关系，而只是利益关系。

最后，友谊不能帮助你做不正当的事。如果有人愿意帮你做违反法律或者违背伦理的事，他们也不是你的朋友，你们之间也称不上知己关系。

在和朋友的相处中，你用什么样的心态接近别人，别人也会用同样的心态对待你。

不管是男是女，我们评价一个人的标准，是他的内心世界是否丰富。一个人可以没有财富、地位和才华，但他一定要有良好的性格、宽广的胸怀和对理想坚定不移的追求。在我看来，这样的人就是可以结交的。如果遇到了这种人，一定不要错过，他们可以成为你合格的"小伙伴"。

投资朋友的原则

尽管朋友和客户（利益关系）无法完全割裂——这是显而易见的，许多真正的朋友正是从客户关系中发展出来的，比如我和史密斯有长达 20 年的友谊。我们彼此合作，又是有着相同价值观的朋友。不过，我仍然不赞成混淆两者的界限，因为上述情况总是属于少数，而不具有普遍性。

我们不能想当然地来定义朋友关系，虽然谁也不清楚自己最好的朋友会在什么时候出现，以及他们是什么身份。重要的是对于朋友我们怎样确定一些不能违反的原则。

第一，不要利用朋友达到自己的商业目的。

第二，不要为了做朋友而付出商业的代价。

第三，不要在朋友之间公私不分。

这"三不"原则其实是在告诉我们，朋友可能来源于任何地方，拥有任何身份。你可能会在客户中找到他们，也可能在某个院校或商业机构的讲台上见到他们。但无论时间、地点和身份如何变化，你都要区分开生意和友谊，不能将两者混在一块。

比如，史密斯现在是我的朋友，但在一开始他是我的合作伙伴时，我并没有准备把他发展成我的朋友。我怀着单纯的商业目的与他交往，没有夹杂功利之心。而在现在，当我们一起工作时，我也没有把他视为朋友，只是当作一个工作伙伴而已。只有下班后，我才会将其恢复朋友身份，与他一起找个地方喝上一杯。

这三项原则是十分重要的，决定了我们的朋友观，以及朋友如何看待和是否尊敬我们。因此，当你的生活中出现一些功利心很强的人，怀着某些"不良目的"向你靠近时，你应该知道怎样应付他们，那就是：永远不要把他们列入你的朋友之列，直到他们改变这种态度。

必须远离这些人

一个人处在什么样的环境中，就会成为什么样的人。这就是所谓的"近朱者赤，近墨者黑"。同理，我们跟别人交往，就会或多或少地具有他人的一些特点，受到他人不同程度的影响。

所以，选择朋友，是有很多的标准需要参考的。同时，设置一些红线也是必要的。有些人可以深交，而有些人则必须"离他们八丈远"，不要让他们走入你的生活，要不然他们会成为你的关系网中的定时炸弹。

在一次课堂上，我向参与者提了一个颇难回答的问题："假如一个朋友生意失败后染上了毒瘾，败光了家财，总是找你借钱。你出于对朋友的关心，偶尔接济他。这种帮助显然是有限的，你希望他尽快恢复对生活的信心，但一天天过去了，丝毫看不到好转的迹象。然后他又来找你借一笔钱，你若是借给他，他会拿去买毒品；不借，他可能去自杀。我只给你们两个选择，借还是不借？"

台下有 70 名听众，沉思片刻，有 40% 的人给出了否定的答案："不借。"他们的原因大体雷同——如果朋友混到这种地步，就不值得再做什么朋友了，否则自己一定会被拖下水。朋友之间应该传递积极的能量。

很对，我很赞赏这个答案，也有 20% 的人给出了肯定的答案，他们害怕朋友真的干出自杀的傻事，不想让他丧命，所以两难之际，还是觉得借给朋友这笔钱为好。有一位女听众流着泪说："我曾经有过类似的经历，因为我回答了不，永远失去了那位朋友，她虽然没有失去生命那么严重，但她在我的生活中永远消失了，我们再也没有联络过。我不想再体验到这种不被人信任的感觉，这很让人沮丧。"

女士的想法的确有其"人道"的一面，可是我听到这样的答案也很沮丧。因为我觉得，过于心软地对待一些"不适合成为朋友"的人，对自己造成伤害的概率肯定会超过这种"遗憾"的概率。有些人你必须和他们建立牢固的关系，而有些人你就要和他们保持距离，尽量不要与之发生任何纠葛。

一般来说，你要远离以下几种人。

不求上进的人

无论境况如何，一个人只要意志坚定、积极进取，付出相应的努力，就一定能取得点成绩。哪怕他现在身无分文，只要他的心灵是富足的，朝着目标去奋斗，总能创造属于自己的一片天地。

不求上进的人是什么样的呢？他们自己不知上进，还想把别人也拖下水，让朋友与他们一起不务正业，不想一起奋斗做一番事业。这些人是交不得的，因为他们是扯你后腿、毁掉你人生的人。

要想获得成功，你就必须远离这种人。年轻人初入社会，对人的分辨力不足，欠缺经验，往往会结交一些不务正业的人，这些人是需要引起大家注意的。其中的道理很简单，向一个失败者学习，你不但一无所获，还会变得像他一样。这样的人不但自己态度消极，还可能会破坏你迈向成功的计划。

不要和那些不求上进、思想消极的人交往。因为你会不知不觉地受到他们的消极观念的影响，慢慢地放弃自己的雄心壮志。其中包括那些在你努力时对你冷嘲热讽的人。记住，那些看不起你，说你一定做不成某件事的人，一般都无法成为你的密友，你不能和他们走得太近。经常听取这种人的意见，是有害无益的。

口是心非的人

口是心非的人第一个特点是喜欢说谎，许下承诺做不到，还一点不在乎，连声抱歉也不说。第二个特点就是虚伪，嘴里说一套，背后做起来又是另一套。你不知道他们到底在想什么，这种人是比较可怕的，既不能将其当成客户，更不可视其为朋友。现实中，他们也很难交到真正的朋友。

这样的人通常是比较自私的。一旦你和他们反目，他们为了自身的利益，什么狠心的事情都干得出来。他们会毫无顾忌地伤害你，直到你向他们妥协，满足他们的要求。

贪小便宜的人

贪小便宜的人不管干什么都会目光短浅，为了蝇头小利不顾长远利益，出卖朋友自然也是很容易做出来的。他们交朋友的第一原则，就是看你能不能给他们带来好处，特别是立竿见影的"实惠"。如果不能，对不起，他们立刻就会对你冷眼相视，不理不睬。

这种人往往先取得你的信任，然后提出要求，不断地让你帮他们的忙，占你的便宜。毕业于哈佛商学院的葛瑞丝说，她在学校时的一个舍友就是这种人："她总在我们一起吃饭时突然说自己忘带钱包，让我帮她付账，然后就当没发生过这件事，从不还钱。大学三年，我替她垫付的饭费有数千美元，可以买辆二手车了。"大学毕业后，葛瑞丝果断地与这位爱蹭饭的舍友切断了联系。她说："以我对她的判断，再结交下去，她早晚会抢走我的男朋友，是的，这种人干得出来。"

没错，只要你不加防备，他们能干出任何事，占尽你的便宜。所以，对待这种人要多加小心。

言而无信的人

有些人喜欢花言巧语，获取他人的信任，但却言而无信，所说的话十次有九次都是假的，根本不会兑现。他们说谎就如同家常便饭，从不脸红，也不会有心理负担。而且他们失信以后从来都不告诉你一声，也不说声抱歉。这种人是无法成事的，而且会给别人造成伤害。与他们结交，对你绝不会有什么帮助，因此应当远离这样的人。

不孝敬父母的人

试想一下，一个连自己最亲近的人都不尊敬的家伙，会对一个朋友好吗？孝敬父母是基本人伦，也是我们评判一个人是否值得交往的前提。假如你发现一个人是这样的，不用过多考虑，一定要和他保持距离。

有暴力倾向的人

有暴力倾向的人容易冲动，欠缺理性思维，不能及时控制自己的行为，因此十分危险。他们在富有争议的事情上不但不能给出建设性的建议，反而可能火上浇油，所以遇到这样的人一定要小心与其相处。

只会给你添麻烦的人

远离只会给你添麻烦的人，也尽量不要去给别人添麻烦。

有的人没事就让你过去帮忙（其实他一个人可以搞定），缺钱就找你要（你并不欠他钱，而他却理直气壮），你的精力大部分都被他们牵制，就好像你是为了他们活着。他们一有摆不平的事情，就让你帮忙去处理。如果某人给了你这种感觉，那你就要小心了，少跟他来往，至少要和他保持足够的距离。

第七章

选择爱人，
就是选择一种生活方式

爱人能改变你的后半生

年轻的时候，我经常和朋友讨论："将来我们会和什么样的人过一辈子呢？"各种答案都有，有的人会说，一定要身材好的、长得漂亮的；还有人说，必须气质高贵、温柔体贴的；现实派的回答经常是："我要找一个家庭条件好一些的，这样我能少奋斗好多年。"

人们选择自己的爱人，当然会考虑诸多因素。这是因为爱人是陪自己过一辈子的。我们一般 20 多岁恋爱，25 岁左右结婚，平均寿命 70 岁的话，夫妻两人差不多也要有 45 年共同生活的时光，这大概就是后半生了。在这些时光中，你要和对方睡在一张床上，在一张桌上吃饭，除了工作，所有的生活都是和对方一起的。

可想而知，如果你选错了爱人，后半生会有多惨。所以，你选择的爱人，首先一定要适合你，同时你也要适合对方。不能只凭感觉，也不能仅靠一时冲动、一见钟情来确定终身伴侣。

选择了一个人，你就等于选择了一种生活方式。再美好的爱情，也要落到生活的实处。什么样的爱情才可以落地生根、白头偕老呢？答案就是你们在一起生活，有一种天然的默契。你们具有共同的价值观，在重大的事情上从不争吵，甚至不需要讨论就可以达成共识，这样的状态才是最好的。如果两人每天都吵来吵去，生活方式完全不同，强行搭配在一起，最后一定发展成互相嫌弃。最适合你的伴侣，就是思维方式和生活习惯能够和你匹配的那个人。

当然，我们总是看到太多不幸福的家庭，看到他们争吵甚至反目成仇，他们互相折磨——不是没有爱，而是思维方式和生活习惯无法匹配，谁都不想成为妥协的那个人，自然就只能生活在无休无止的家庭战争之中了。

请相信，亲爱的读者，一个人的思维方式和生活习惯是很难改变的，你千万不要奢望他会因为"爱你"而改变。他当然可以改正一些小缺点，但是生活习惯和思维的模式大体是不会改变的。

记住，你与伴侣都要接受对方的一切，这样你们才能幸福地生活在一起，否则你们是不会长久的。

找可以给你精神支持的人过一生

我们来到这个世界，希望能够找到与自己拥有共同精神世界的人，然后与其携手度过一生。正是有了这样的期待，我们才能在寻找的过程中逐渐理解爱的意义，而不是总是以功利的标准来评价异性。那么，你是否实现了这样的目标呢?

在择偶时，经济方面暂且放在一边不进行讨论。这个世界上有钱人很多，但有钱人不一定能给你带来幸福，这是无数婚姻和情感悲剧已为我们证明了的。所以，最好的伴侣绝不是最有钱的，而是在精神世界最理解和最支持你的。

寻找人生的另一半，就是在寻找自己一生的精神伴侣和情感的伴侣。找到了，就和对方相携相依，同甘共苦，一起度过余生。你要知道，真正的爱情容不得任何欺骗和投机存在。

这个道理对男女都适用，精神支持的前提，就是信任。就像好的老板信任下属，团队成员信任伙伴一样，夫妻之间最重要的也是信任。这种信任不是摆在商场货架上的廉价物品，它来得并不容易。

怎样理解信任

这种信任可以理解为三个方面。

一是坚定。坚定的爱，不会被其他诱惑改变。一个深爱自己伴侣的人，不会再爱上另一个人，不管另一个人如何优秀，条件多么富有吸引力，他都不会动摇。如果同时爱上了两个人，就说明他对两个人的爱都不够坚定，自然也就谈不上信任，更谈不上精神支持了。

如果你的爱人在你之外还有备选者，那么不要犹豫，赶紧离开他（她）。带着不坚定的心理走入婚姻殿堂的人，经不起风吹雨打，在你遇到重大挫折时，对方很可能会离开你。

二是包容。在两个人的世界中，信任也意味着包容、体谅和坦诚，在你有些事做得不到位时，他（她）能够换位思考，替你着想。比如，你情人节没有及时送上一束鲜花，他（她）不是生气，而是想："是不是工作太忙了，压力太大了？"然后帮你缓解压力。有些人因为伴侣没有送上合意的礼物，就大吵大闹，或者发脾气，或者与对方冷战，这些都是不包容的体现。

三是坦诚。坦诚就是和对方及时交流情感，实话实说，不藏着掖着。比如对方感觉你不太对劲的时候，他（她）会问你怎么了，迫切想知道你在想什么。你应该告诉他（她）实情，而不是用一句"没什么"来打发应付。越是这种敷衍的回答，越会令人生疑。对方只会胡思乱想：他（她）是不是遇到了比我更好的人，是不是不爱我了？

双方如果不够坦诚，不能坦诚相待，可能会因为一点小事而产生矛盾，甚至分道扬镳。

怎么理解精神支持

第一，对他（她）无偿地付出和帮助，心甘情愿地提供任何支持。支持他（她），就是在支持自己。

我们一旦找到了自己的爱人，就会真诚地对待他（她），珍惜他（她），在他（她）困难时给予支持，在他（她）失败时给予鼓励，开心时一起快乐，而在悲伤时，又一起难过。

真正爱你的人，为了让你幸福，会甘心做你的避风港，保护你，支持你，尽量不让你受到伤害，这才是真正的爱。

所以，看一个人是否真的爱你，是不是你要找的那个人，不要看他（她）物质方面的条件，要冷静地洞察他（她）对你是否是真心。

第二，尊重他（她）的隐私，给予对方独立的空间与时间。

能够在对方需要独立自主的空间时，主动为他（她）创造这样的空间，留出自由的时间。这样可以让他（她）全身心地把精力投入到自己的工作中去，不必担心"后院起火"。双方要互相帮助，互相理解，为对方的事业添砖加瓦，而不是互相拆台、拖后腿，这样两个人在一起生活时，就不会感觉到牵绊，也不会觉得对方很烦人，老来干扰自己的工作或窥探自己的隐私。

聪明的爱人，在两人相处时既给予对方必要的关心，又会保持适当的距离，这样的话，双方相处时才轻松自在，才不会疲惫不堪、互相提防。

第三，给予对方关爱，把对方装在自己的心里，总是有满满的幸福感，任何事都想与他（她）分享。

有了开心的事，就想第一时间讲给对方，让对方也一起感受快乐。但是受了委屈，却不一定要马上告诉对方，而是要悄悄藏在自己心里，慢慢消化，为的是不影响对方的情绪，不打扰对方的工作。

把对方装在自己心里的人，第一时间会买对方喜欢吃的东西、喜欢穿的衣服；天气冷时，会想对方是否穿了棉衣；有好吃的东西，一定要留着和对方一起吃；不管遇到什么困难，都不会离开对方，尽自己所能地给对方温暖，和对方分享自己的想法，双方一起共渡难关。

这就是真正的爱，它基于精神的共融。我们要寻找这样的人，来陪自己度过一生。

成为一个"值得被爱"的人

瑟琳娜说："我的朋友都不爱我，既然如此，我又何必去爱他们呢？"

如同瑟琳娜一样，很多人感觉自己无法赢得他人的友谊和感情，原因有时候如出一辙：我们认为别人不喜欢我们，所以我们也不想浪费自己的时间。

是别人没有眼光，没有发现我们的闪光点，还是我们根本不值得被爱？

这看上去是一个很刻薄的问题，但不得不说，这就是问题的关键所在。

　　并非每个人都具有让人喜爱的特质，如果你不具备这种特质，却还很骄傲，我想你就真的很难赢得别人的喜爱了。

　　要赢得一份友谊或者感情，你首先应该放下心中的芥蒂，保持谦卑的态度，不必在乎别人是否喜欢你，你只需要用心去做，完善自己，让自己的优点闪闪发光。很快，你就会发现"被人喜欢"并不难。

　　然而，生活中我们太多时候不曾尝试就选择放弃。其实要吸引别人关注，你不必非得特立独行，不必刻意标新立异，只要做好你自己就足够了。

　　好莱坞著名影后玛丽莲·梦露小时候去好莱坞试镜，准备的节目是舞蹈，然而由于太过紧张，她甚至没有出场的勇气。导演开导她说："不要在乎试镜的结果，就为了跳舞的乐趣而展现你自己，为上帝而跳吧！"玛丽莲·梦露听后，立刻就不紧张了，这次效果很好的试镜让她最终获得录用。

　　如果你是一名推销员或者有过推销的经历，相信你一定总结出了这样的经验——越是担心产品卖不出去，产品就会越卖不出去。因为你总想着推销的结果，心理上承受着巨大的压力，有心理障碍，无法准确地介绍产品。优秀的销售员会放下这种忧虑，不去关心交易的结果，而是一心一意向"让顾客喜欢"的目标努力。你全心全意地为顾客服务，顾客会感知到，从而难以拒绝你的好意；而你一心只想着卖出产品，顾客也会敏感地察觉到，你的功利心只会让他们更加反感。

众所周知，打高尔夫球的时候，你的注意力应该在球上而不是那张记分牌上。在与他人沟通的过程中，也要时刻记住这个道理，把你的心思用在传达信息上，而非关注传达的成效。

有一次，我在一家公司做培训演讲，发表演讲之前有人告诉我，在座的这些人相当难缠。这个信息使我非常紧张，心中不免焦虑。

我忧心忡忡地问身边的助理："万一他们不同意我的观点，不断地反驳我该怎么办？"

"他们为什么要喜欢你呢？你为他们做了什么好事吗？"助手反问。

"我什么都没有做啊！"我惊讶地说。

"那你认为自己要讲的内容很重要吗？"助手接着问。

"很重要的，不然他们也不会抽出时间来听讲吧！"我不太确定地回答。

"那不就得了，你还没开始讲呢，又怎么知道他们不会喜欢你？而且听众喜不喜欢你有那么重要吗？我倒是觉得他们在乎的是你的演讲是否精彩，你有没有把自己的观点表达出来。他们喜欢你也好，讨厌你也罢，又有什么关系呢？你做好你的工作就算成功了。"助理说。

助理这番话彻底改变了我对演讲的认识，就像助理说的，我不过是在传达一些信息，表达一些观点，我没想刻意展现自己的学识或显露自己的才能。我演讲的目的不过是给他人带去一些鼓舞和启发，期待对他们的生活有所帮助，那我还有什么可担心的呢？

想要赢得他人的尊重，首先必须要学会付出，自身发光发热才能获得掌声。每个人都应该端正心态，不要哗众取宠，不要刻意显露，用真诚的爱、积极的努力及服务精神去感动他人，帮助他人，这样才能真正地"被爱"。

爱意味着同理心，无论什么时候，你爱他人，他人才会感觉到并把爱回馈给你。

最后，我们对待自己的爱人必须有一颗包容心。

没有人是完美的，男人和女人彼此需要关爱、宽容和扶持。假如你对异性总是非常苛刻，不允许对方犯一点错误，那么最后你自己也会陷入一种"光脚找鞋"的尴尬境地——没有适合你的异性，你就只能自己光着脚丫走路。

年轻时谈谈恋爱，你会更自信

很多人在一起聊天的时候，喜欢谈论的一个话题就是"谈过几场恋爱"。

你的答案也许是"两次""三次"或者更多。有的人说，一辈子只交一个男朋友，并且最终和这个男朋友走入婚姻的殿堂，如果以后回想起以前的青春时光，就会觉得有点无聊。但是你要知道，谈恋爱是要付出很多的，如果能够找到此生对的那个人，那么是"第几次"有那么重要吗？

也许你的身边不乏自诩为"恋爱高手"的人，他们经历了很多次恋爱。但是很多人在彼此了解之后，就发现恋爱中存在很多问题，因此只好再回到原点，重新开始。

年轻的时候，如果能认真谈一次恋爱绝对是个不错的选择。当你恋爱时，你所经历的、你所付出的点点滴滴，都能够使你成长。

恋爱的第一个要素是要一心一意，只有专注地去爱，你才能真正地体会爱情的力量。所谓的一心一意，并不是让你一生只谈一次恋爱，而是恋爱的时候只爱一个人。

恋爱的第二个要素就是勇敢地表白，爱一个人，就要勇敢地说出来，而不是把心事放在心里。

第三个要素就是一定要大度，也就是说，如果你喜欢的人不喜欢你，或者对方爱上了其他人，不要穷追猛打，最好大度而又真心地向对方说："祝你幸福。"谈恋爱是双方的事情，即使对方不爱你，也总会有一个人真心地爱你。

谈恋爱其实是一个过程，尤其是在大学里谈恋爱的人，毕业以后真结婚的少之又少。比如，我们班有十几对谈恋爱的，大学毕业后只有三对结了婚。但是大学里也不是一定要谈恋爱不可，也许你在大学里没有遇到那个对的人，当你步入社会之后，你也一样能够找到心爱的人，然后你们结婚，生孩子，拥有美满的家庭。总而言之，生活就是这样，美好地继续着。有平凡，有激动，有美丽的日子，有漫漫长夜，这就是我们的生活。

恋爱让人自信

小妍是一个聪明、漂亮的名牌大学的学生。她的男朋友长相比较差，感情专一，家中比较富有。但是小妍却特别不喜欢她男朋友的专业。他们的交往是快乐和痛苦交织的。他们最核心的矛盾，就是双方都要求对方改变专业，要对方接受自己的专业。因为他们两个都是第一次恋爱，并且都是独生子女，所以都希望别人接受自己，但不愿意接受别人。

事实上，在恋爱的过程中，两人产生矛盾是非常正常的。恋爱的过程其实就是两个人的性格不断磨合的过程。其实他们都知道，学习的专业和将来从事的工作会有一定偏差，现在双方的年龄都还小，将来的变数其实是非常大的。

另外，让小妍不能够接受的是，当他们产生矛盾时，男孩的母亲对她特别糟糕；但是当两个人和好后，男孩的母亲对自己却特别好。她觉得男孩的母亲变化太快，她无法想象以后怎么和这样的母亲一起相处。另外，她不知道为什么男孩一定要父母介入，她觉得男孩的依赖性太强。当小妍理性地分析了这些情况之后，她觉得，两人的矛盾如果能够化解，那就可以继续走下去，如果不行的话，就只能终止这段情感了。但是一想到要离开他，她没少哭。其实小妍的条件并不差，她对自己的外表、能力、学校、就业前景还是比较自信的。她只是无法忍受这种痛苦。事实上，痛苦就是我们人生的一部分，一定程度上它是我们成长的动力。挫折可以成为人生的财富，何必对痛苦那么在乎呢？如果小妍真的能够走出这段痛苦的经历，其实对她来说也是一种成长。

从小妍的身上我们也能获得一些启发。她在恋爱的时候也许过于理性，考虑的东西也太长远了。不到 20 岁的她，将来的日子还很长，离结婚还很远，其间还会发生很多变化，现在就过多考虑婚姻、家庭等人生重要的问题，是否早了些？如果你真的喜欢一个人，并且选择了他，那就要接受他的优点和缺点，这很正常。

人在世界上，都会被人选择，或者选择别人。在选择的过程中，最重要的是我们自己，自己应该了解自己，并且认真分析自己。我们的世界很丰富，小妍的问题就在于她其实还没认清自己，不知道自己最需要什么，就开始追求婚姻了。毕竟大学的时候，是一个人的人生观建立的重要阶段，而人生观又影响着她的婚恋观。这次恋爱的经历或许会让她明白，完善自己最重要，并且要有承受痛苦的能力。

恋爱让人成长

36 岁的汤姆是一个沉稳和内敛的男人。他曾经有过一段婚史，也正是过去的这段婚史让汤姆意识到了自己的无知和幼稚，他变得成熟了许多。汤姆说："我在感情上是一个仍然需要学习，并需要不断成长的男人。"有过恋爱经验，有过失败的婚姻，汤姆发现人生变得不同了，他期待再度起航，也希望能在未来的生活中，读好女人这本书，并且经营好自己的人生。

在汤姆看来，人生中的每一次经历都是一笔财富。他的履历表是非常丰富的。丰富的工作经历可以让一个男人在事业上找准方向并且确定最终的选择。刚开始工作时，汤姆在洛杉矶做的是财务方面的工作。后来他也做过餐饮和销售方面的工作，直到最近才重新成为一名会计师。他觉得，经过了多次选择，现在时而紧张时而轻松的财务工作，正是他愿意做的。

他说："我喜欢这种感觉，这是之前体会不到的，正像我的感情一样，经历了挫折与波动，现在回归正轨，我也终于找到了适合自己的模式。"

他白天的工作非常有规律，但是下班之后，汤姆偶尔会感觉有些不知所措。为了打发下班后的时光，他又在洛城的华人地区找了一份夜间兼职，去餐厅打工，而且顺便学习汉语。忙碌起来的汤姆感觉十分充实，并且还能多挣些钱，何乐而不为呢？

不过，汤姆直言，这只是他在单身时的工作状态。如果重新交了女朋友的话，他就得放弃自己的兼职。

在已经结束的那段婚姻里，汤姆不懂得关心自己的妻子，更不懂得如何迁就与呵护对方，全然是个没心没肺的男人。即便婚姻结束很长一段时间了，他依旧不知道一个男人应该给予女人什么，也不知道在婚姻里，女人需要的是什么。汤姆试图了解女人，才是近几年的事情。在他马上步入 40 岁时，他终于开始思考男女之间的相处之道了。

不过，在一开始的时候，由于他的异性朋友不多，他在男女关系方面的情商没有一点提高。经过了一段时间的观察和学习，汤姆总算体会到了自己过去错在哪里，也开始知道什么时候应该给予对方关心和温暖，还明白在不违反原则的前提下要适度退让和妥协。但是让他变成在男女相处中游刃有余的成熟男人，短时间内并不实际。汤姆希望能够遇见一个善解人意、愿意帮助他的女人。只不过，他已经比过去更加成熟了，他收获了经验，也总结了教训。

汤姆四肢的毛发非常浓密，与四肢正好相反，他的头发比常人要少一些。对于这样的反差，他以前一直很不在乎，从来不刻意地做任何处理。在他的观念中，汗毛浓密能够防晒，蚊子也不能轻易叮咬，是自己的某种"优势"。如果两人真心相爱，对方应该能够接受他的一切，无论优点、缺点，还是身体上的特别之处。

可是，自从开始思考男女相处之道后，汤姆不再固执了，他表示愿意为另一半做出一定程度的妥协，而不是针尖对麦芒，决不退让半步。你看，有的时候爱情带给我们的改变，连我们自己都无法察觉，这是一种非常神奇的力量。

爱上一个人，也许有绵长的痛苦；喜欢一个人，也许会有遗憾。但是在爱情中，对方带给我们的快乐，也许就是世上最大的快乐。在茫茫人海中，爱与被爱，都是幸运的。有些事的确不堪回首，但是请不要逃避。我们应该从中吸取教训，而不是一直触碰自己的伤口。如果彼此相爱，心有灵犀，就该珍惜每一次相遇、每一次心跳；如果是一厢情愿，或者一方已没了感觉，就该放手让对方走，把一切当作过眼烟云。

现实中，有很多受到失败恋情打击的女人不再相信有真正的爱情存在了。但是，无论如何，我们还是要相信世界上是有纯真的爱情的。不相信爱情的存在，会使人变得绝望，陷入痛苦之中，这样生命就失去了应有的力量。即使你在失魂落魄的时候，也要努力微笑，也许会有人因为你落寞的样子而爱上你。我们可以对爱情失望，但是不可以因为失望就不再去爱。

每一次恋爱的时候，都要全心投入，即使受过伤害，也别有所保留；只是你要变得聪明，但不能急功近利，这样，在结束的时候，你才不会有遗憾。你要相信，世界上美好的事物永远存在，真挚的爱情永不磨灭。你要学会给自己勇气，给自己的生活增添色彩。

如果你爱一个人，请认真地爱他。有些人，一旦错过就不会再来。即使明知失败者是自己，也不要退缩。勇敢向前走，才可能胜利；故步自封，永远不会有收获。不要过于心急。喝过柠檬茶吗？你不能强迫一片柠檬在三五分钟内奉献出它所有的味道，否则茶就会变苦；同样，太急的爱情也会变苦的。

婚姻和爱情，都是一种投资。只有你们相爱才有投资的本钱，但有钱开店就一定会赚钱吗？婚姻和爱情，更主要的在于经营。就像有人说的那样："我们在这个时刻相爱，看似太迟，却是适当的时候，假如你来早了一步，我也许不会那么爱你。因为你来迟了，我才懂得珍惜。所有炽热的激情，都是因为一切好像太晚了。"

第八章

别忘了最重要的事
——提升你自己

每天给自己安排一堂自我提升课

如果你肯花点心思，提升你的修养和能力，让自己变得更优秀，那么可能就会有人主动来帮助你。你的条件、心态以及你的能力和状态决定了你能够遇到什么样的人。

事实上，无论你处于什么情况，进行自我提升总是没错的。

分析自己的强项和弱项

一个人一定要认清自己的强项和弱项，要对自己有一个非常清醒的认识。但是人们往往更想强调自己的强项，有时还会刻意隐藏自己的弱项。

其实，你没有必要刻意关注自己的弱项，并且时刻小心地隐藏。重要的是一定要展现出你的强项，并且使之成为你变得更强的因素，你要做的是尽可能用你的强项去弥补你的弱项，并且让你的弱项逐渐变强，最终你一定可以通过利用你的强项来胜任一份工作。

管理好自己的时间：721 法则

上帝是非常公平的，他给予我们每一个人每一天的时间都是 24 小时，对谁都没有特别的宠爱，也没有特殊的偏见。在时间上，我们谁都没有多一分，谁也没有少一分。因此，如何能有效管理你每天的时间对你来说是非常重要的。

首先你需要列一个详细的计划，也就是即将做的事情。根据这个计划，根据自己需要去做的事情来分配时间，按照重要程度依次分配，从而形成一个详细的时间管理表。比如，在每天起床之后，每一个小时你要做什么，都要进行认真的思考。如果时间发生冲突，你也可以按照重要程度来分拣出最重要的事情优先安排。

科学合理的工作时间安排是我提倡的"721 法则"——70% 的时间用于做当天的工作，20% 用于思考明天做什么工作，剩下 10% 则要用于下周计划。

按照这个法则执行下去，你便既可以立足于当下，又可以有一个长期的规划。当然你的一天不可能全都是工作，把 70% 的时间用于工作即可，剩下 20% 的时间用于家庭生活，10% 的时间用于娱乐和社交。把时间划分得越细，你将会把一天过得越充实。

在制订好目标之后，达成目标的先决条件就是要做到自律，也就是说，你是否能够持续地朝着目标而努力，直到完成你的目标。自律是非常重要的，中国人经常讲的"慎独"，其实说的就是自律，也就是在不被外界监督的时候，能够排除干扰，坚定地朝着目标努力。当然，自律也要与自我激励相结合，这样才能更有效率地完成自己的任务。

那么，我们应该如何管理自己的时间，并且有序地按照计划完成工作呢？

⬡ 明确目标

请先回答两个问题：第一，在未来五年，我最希望在哪些方面取得成就？第二，我最希望实现的五个愿望是什么？当你回答这两个问题之后，你才能够明确自己的目标，你才有可能做到自律。这将是你通往成功的必由之路。

⬡ 模仿那些已经取得成功的人

你要知道，学习模仿并不是完全的复制，而是学习别人成功的行事方法。一个理想的模仿对象，一定是你觉得你可以成为的那种类型。

⬡ 学会为每项任务设定目标

将你的任务分解成一系列的具体目标，一步一步地分阶段实现，这将会帮助你达成使命。你所设置的每一个小目标就如同一级级通往最终胜利的台阶。

○ 制订行动计划以达成目标

制订行动计划的好处就是能确保每个目标都按时完成，这样才可以防止与其他工作在时间上发生冲突。

○ 试着在工作中寻找乐趣

对于工作的热爱可以帮助个体追逐目标。这个道理大家都懂，如果你非常喜欢你的职业，不用老板的督促你也会把工作完成得很好。因此，如果你要完成一项任务，尽可能地关注一下这项任务中最能给你带来乐趣的那部分。

○ 学会区分你的生活时段

善于划分时间段，是一个自律之人的重要标志。在工作时，要专注于工作。当你在家时，就应该尽量集中精神在你的家人身上，不要谈论工作的事情。只有善于划分时段，才能平衡好家庭生活和工作。

○ 不要给自己找任何借口

真正的自律者会把精力和才智完全投入到如何更好地完成工作中去，而不是为自己没有完成工作找各种理由。如果你是一个爱找理由的人，那么就先仔细检查检查自己吧，问一下自己：我的理由正当吗？我是不是在推卸自己的责任？

管理好自己的情绪

　　我们每个人在生活和工作中都有自己独特的表达情绪的方式，但在情绪失控时，人们表达情绪的方式往往都是类似的。在愤怒的时候，我们也许会乱发脾气，从而影响自己的人际关系，让本来对你很有好感的人望而却步；但是如果不将情绪释放出来，长期压抑下去，也会对自己造成负面的影响，伤害身心健康。因此，不管我们是什么样的性格，都存在如何控制和管理情绪的问题，学会一些有效的方法是非常重要的。

　　那么我们该如何管理好自己的情绪呢？

○ 在情绪即将失控时数一数有多少种颜色

　　每个人都会有情绪失控的时候，有的人能够轻松地控制住，有的人则需要一定的时间。美国心理学家费尔德提出一种数颜色的方法，能够让暴躁型的人获得时间来控制自己的情绪。

　　它的具体流程是：当你因某事要大发脾气时，先暂停手中的事情，然后找个没人的地方，环顾四周的景物，在心中对自己说话。比如，那是一张浅黄色的桌子，那是一个绿色的文件柜，那是一面白色的墙壁……大约 30 秒，如果你不能立即离开令你生气的现场，你也可以就地进行以上练习。

　　这个方法看似有些荒谬，其实大有学问。这是运用生理反应来控制情绪的一种方法。因为一个人在发怒时，血流速度加快，肾上腺素的分泌使得肌肉拉紧。这时随着愤怒情绪的增强，某些生理功能会暂时变弱。"数颜色法"就是让你强迫自己恢复灵敏的视觉，经过这一短暂的缓冲，大脑就会恢复理智的思考。当你数完颜色，冷静下来，你就知道该怎么样应付眼前的情况了。

○ 把自己的情绪记下来进行重温

记情绪日记是抒发愤怒情绪的一种有效的方法，也是被人们广泛采用的一种手段。实际上，情绪日记并不等同于一般的日记，它记的是我们每天自我情绪的变化情况，这样不至于遗忘，也有利于总结情绪规律，我们把它记下来，每天进行重温，为提升自己的情绪控制力提供参考。

这个方法的重点，在于记录你真实的感受，即便是一些微小的感受也要记录在案。事实证明，压抑不是解决问题的办法，即便当时你克制住了自己，但愤怒的情绪仍然存在，日积月累，一旦发泄出来就如同火山爆发。有的人平时脾气很好，一旦发起火来可不得了。如果你是这一类人的话，平时可以试试用记情绪日记的方法来控制自己的情绪。

○ 灵活运用暗示调节法

自我暗示法是我们经常用到的方法，其基本的做法是自己给自己输送积极信号，以此来调整自己的心态，从而调节自己的情绪。比如，早上起床时就告诉自己："今天我很高兴！今天我一定有好运气！"类似这样的话，能够使你的潜意识接收积极的信息，并且能够使你心情愉快、精神饱满地去从事各项工作。

○ 适当进行体育运动

心理学专家温斯拉夫研究发现，运动是释放情绪的办法之一。当人们沮丧或愤怒时，可以通过做一些运动，使生理恢复原状，比如跑步、打球、打拳等方式。很多公司就是利用这一方法来消除员工的不满情绪的。例如，有公司专门安排了一个里面放着公司高级主管人体模型的房间，当员工感到不满意时，就可到此房间对这些模型大骂一顿或拳打脚踢一阵，发泄完了，再回到岗位继续工作。

○ 用音乐调节情绪

我们都知道，听一听音乐也是缓解情绪的有效方法之一，音乐对人具有强烈的感染力。当你心情不佳时，听着自己喜欢的音乐，沮丧的情绪就会烟消云散。当你心情不好的时候，可以试着去听听自己喜欢的音乐。

○ 遇到任何问题都不应逃避现实

现实中，很多人其实并不会将他们的愤怒情绪直接发泄出来，他们在生气时经常采取离开现场的方式，从而避免正面冲突。很多人都会认为这是一种很好的方法，有时候却并非如此。

自己一言不发，但肢体、表情等可能会传递一些让人误解的信号。因为这种行为的本质是逃避问题，而不是坦诚地面对并且寻找解决问题的办法，所以可能会留下隐患，这些隐患很容易在未来的某一个时间突然爆发，而且爆发得更加猛烈，伤害性也将更大。

想象一下，当你对某人发脾气，但是对方却说"哦，对不起，我先走了"，此时你也许会觉得对方是"不屑一顾"，根本不会想到对方这样做其实是想让双方冷静下来。尤其是在夫妻争吵时，其中一人摔门而去，这种逃避是不可能解决问题的。

一些专家的研究表明，许多人在离去的当时，也许会避免一场激烈的争吵，但是这样不但不利于解决问题，反而会使问题变得更加严重。因此，专家们建议，面对情绪问题，最好采取数颜色法或暗示调节法来恢复理智，正视问题，与对方理性地沟通、讨论，或许效果会更好，这样也不容易留下隐患。

○ 转移你的注意力

情绪背后的驱动力就是注意力，我们将注意力投入到一件事情上，就会伴随着产生相应的情绪。比如，看伤感电影和喜剧电影的时候，人的情绪就是截然不同的。所以，当你的情绪要爆发时，可以试试转移自己的注意力，这是有效且简单的一种方法。人的注意力就像是一台摄像机的镜头，关键在于你将镜头对准什么。如果你总是问：这个人为什么这么讨厌？这时你便会寻找讨厌这个人的理由。但是如果你总是问：这个人怎么这么好？这时你就会寻找这个人身上的优点。

　　具体来说，你可以尝试以下的做法：当你对某人产生某种偏见时，试着转移你的注意力，看看此人的另一面；如果你对某个事物比较反感，也试着看看该事物的另一面；当你情绪不佳时，试着回忆一下过去美好的时光……通过这些方法，也许能调节你的情绪。

○ 不要给自己太多压力

　　有些人常因工作上一些小的失误而认为自己一无是处。这种人的得失心特别重，特别容易焦虑、害怕、紧张、恐惧，无法控制自己的情绪。得失心特别重的人的另一表现，就是经常全盘否定自己。当自己做某一件事的结果不理想时，就自我否定，认为自己什么都做不好，从而使自己陷入沮丧的情绪之中难以自拔。

　　心理学家们认为，我们有时候会对自己施以过度的压力并且经常自责，这是因为我们的潜意识中有一种"我的过错，所有的人都看得到，而且都很在乎；我犯了错，我再也没法在他人面前抬起头来"的想法在作怪。事实上，也许别人早就忘了这件事，但是自己却一辈子都忘不了。

　　你不妨问问自己，事情真的有这么严重吗？你要知道，有缺点、有毛病、工作中有失误，这都是很正常的，谁也不是完人。办错事的人并不止你一个，何必为此而烦恼呢？很多事情都无须自责，只要记住下次再遇到这些情况时正确地对待就是了。只有这样你才能够正确地面对挫折，正确地看待自己，从而也会有稳定的情绪。

别输在不会沟通上

1986 年，苏联总统戈尔巴乔夫带着夫人赖莎访美时，曾发生过一次安保意外。两人赶赴白宫出席里根总统为他们举办的送别宴会的途中，戈尔巴乔夫突然在闹市下车和行人握手问好。见此突发情况，苏联的安保人员急忙冲下车，喝令那些站在戈尔巴乔夫身边的美国人把手从口袋里抽出来。他们害怕行人的口袋中藏有武器。

路边的观众被保安人员这样呵斥，顿时有些不知所措。他们吓坏了。这时，赖莎女士反应很快，马上出来向这些围观的美国人解释说："请不要紧张，安保人员的意思是希望人们可以跟总统握手。"这样，突然紧张起来的气氛得到了缓解。

这是沟通能力强的体现。

另一个例子与我在香港时的一位同事苏先生有关。苏先生的工作能力很强，他每个月的销售业绩也都排在前几名。但是他却始终得不到升迁。原因在哪儿？不仅是他，我们所有的同事都有些费解。后来，我找出了问题的症结。

原因在哪儿呢？在每月初主管让大家做月度的计划时，苏先生总会夸大其词地声称自己可以签到几十个单子，比如可以拿下九龙商城，可以拿下铜锣弯的写字楼重新装修的电器项目等。他销售能力超强，当然是有些自信的，但这样说未免夸大了。虽然到了月底苏先生的销售量仍然是名列前茅的，但是他仍然因为没有完成计划而使主管对他颇有微词。苏先生错就错在给了上司过高的预期，最后却根本完不成任务。

这其实就是沟通能力差的体现。

沟通能力、学习能力和分析能力是最重要的几项能力，拥有了这些能力，你就具备了在任何地方站稳脚跟并取得成功的可能性。

我们需要提升与别人沟通的能力。在与上司、同事、客户或朋友相处时，我们都需要进行沟通。沟通是现代社会人必备的一种能力，与人沟通时，我们不仅需要使用口头语言，还需要运用身体语言和表情来达到沟通的效果。同时，两者的配合也无比重要，例如口头语言与身体语言不一致，就会让人觉得你很虚伪；身体语言过于夸张，也会使人觉得你不靠谱。

我们在与别人沟通时，一定要尽量做到以下几点。

○　**注意正确地使用自己的语言，包括身体语言。**

○　**自身定位和角色要与语言相符，而不是互相背离。**

○　**要保持言行一致，不能口是心非。**

○ 要经常自省，改掉不良的沟通习惯。经常自省能够帮助我们形成谦虚谨慎的外在形象，给别人留下一个平易近人的好印象，并使别人愿意与我们结交、做朋友和进行工作上的合作。

如果不注意上述几点，在社交沟通中就容易产生问题。

上海一家名牌大学毕业的学生，跑到一家公司去求职。他自我感觉非常良好，在面试一开始就夸耀自己的能力。同时，他还跷起了二郎腿，不时地摇动几下。如果在其他场合，比如在家里或者朋友聚会的时候，这样做的确没什么。但他忘了，这是重要的面试场合，他的这种沟通方式和身体语言都是很不恰当的。

该公司的人事经理对他的印象非常差，本来通过他的简历感觉他挺好的，让他过来面试只是走走形式而已，结果现在决定不录用他了，客客气气地让他回家等消息。这个学生回家等了十几天，也没有接到电话。他这时才知道，自己失去了一个很好的工作机会。

沟通的目的在于，除了进行有效的表达，还必须获取积极的对自己有价值的反馈。反馈一般有以下几种形式。

○ 正面的反馈

正面的反馈一般是肯定和鼓励，这意味着你沟通的目的达到了，效果非常好。

○ 修正性的反馈

这不等同于批评，但认为你还可以做得更好一些，是一种激励性的肯定。比如领导听了你的汇报以后，一边肯定你的工作，一边再让你补充一些东西。这同样是沟通效果的体现，是富有价值的，能够帮助你看清自己的问题。

○ 没有反馈

这非常糟糕，意味着你做得非常差，对方已经没有兴趣回复你，或者认为已经没有与你继续沟通的必要。

总之，在现代社会中，如果你不善于和别人沟通，可能就会失去许多机会，同时也无法与别人进行良好的协作。我们都不是生活在孤岛上，只有与他人进行良好的协作，才能获取自己所需要的资源，才能获得成功。要知道，现实中所有成功的人都非常重视人际沟通。

提高学习能力：接受、积累和更新知识

不断地学习，是全球大变革时代每个人的必然选择。"学习力"这个词最早出现在美国。学习力的含义是比较广泛的，它是

指一个人获取知识、分享知识、使用知识和创造知识的综合能力，也包括学习和解决问题的具体方法。

生活中，你会发现不少"不会学习"的人。我们现在所处的时代，快速多变，急速发展，一天不接受新事物，不学习新知识，就有可能落在后面。以前，我们的父辈一般只有小学或中学的学历，就可以在社会竞争中谋得一席之地；到了我这一代时，年轻人拿到大学学历走出校门的那一刻，他们内心还充满了迷茫。

一位毕业于复旦大学的男孩说："我读书时觉得，只要自己拿到了毕业证，走出校门就能成为好单位的座上宾，因为我读的是名校嘛。可是现在呢？我只能摇头叹息，也许工作能找到，但远没有我想象的那么顺利，待遇也一般，一切都需要从头做起了。"

这个男孩曾梦想用人单位主动找上他，拿出优越的待遇和工资条件请他去上班。但现实是残酷的，因为多数知识都不能直接运用于工作中。他在努力学习了四年后，才吃惊地发现在大学的书本上学到的真正可以直接用于工作的知识还不到 20%。

更令他头疼的，还是他的社交能力。他不但需要学习工作的技能，还要学习社交的方法。"我完全不懂如何跟同事建立良好的关系，怎样跟上司良性沟通，我就像个傻子一样，眼前的一切都是陌生的。"

"怎么办呢？"

他最后肯定地说："继续学习呗，只要是自己需要的知识，就要去了解、接受；只要是对自己有用的能力，就得具备。"

这才是一个好的态度。学习不光是学生的任务。无论年纪大小，无论从事什么行业，我们都需要不断学习。学习可以让我们扩大视野，获取知识，把工作做得更好。

美国有一位著名的大提琴家叫麦特·海默维茨，他15岁时，与由梅塔担任指挥的以色列爱乐乐团一起演出了他的第一场音乐会，造成了很大的轰动，受到各阶层人士的好评。以色列国家电视台也反复播放这场音乐会。16岁时，海默维茨获得了音乐大奖。德国著名的唱片公司跟他签了独家发行其唱片的合约。之后，他更是多次获得各项大奖。

就在海默维茨声名大噪的时候，这位大提琴神童却突然消失了4年，人们几乎把他的名字给淡忘了。

原来，他利用这4年时间去哈佛大学进修了。他写了一篇以贝多芬"第二大提琴奏鸣曲102号"为课题的毕业论文，他的论述非常详尽，他也因此赢得了哈佛大学的最佳论文奖。

我们要像海默维茨一样，即使取得了一定的成绩也不能止步不前。一个人要提升自己，就要不断地学习。从学校里学到的东西十分有限，很多的知识和技能只有在走出学校之后才能学到。学习是一生的责任，我们在任何时候都不应该放弃学习。只有不断地学习才能弥补自身的不足，才能使我们的知识更丰富，才能让我们拥有不凡的气质。

我们如果不继续学习，就无法获得生活和工作需要的知识，就无法适应急剧变化的时代，我们不仅不能做好本职工作，反而有被时代淘汰的危险。

在科学技术飞速发展的今天，我们只有以更充沛的热情，饥渴般地学习、学习、再学习，使自己具有更完备的知识，才能不断提高自己的竞争力，才能在工作和事业中发挥所长，不至于有"书到用时方恨少"的感慨。

不要做世界的逃兵

现在，你可以把自己关在一个安静的小房间里，开始想象一下——自己并非出生于地球，而是从一个遥远而神秘的世界来到这里。这里的一切都令你感到困惑、忧虑但又无法逃避。这是怎样的感受呢？即便你心怀热情，也不敢释放；哪怕你渴望交流，也会畏首畏尾。

这种感觉就像自闭，我们有时候也会有这种无法与外界建立联系的感觉。很多人都有一定的自闭情结，它也有严重的表现，在我们的研究中，很多人即便面对父母，也会闭紧心门，不跟他们进行任何有意义的交流。

这些人很少走出家门，也不喜欢与同龄人玩游戏，缺乏和别人一起玩的自信。他们讨厌外部世界的骚扰，陌生人会让他们缺乏安全感。自闭的心理会让一个人完全封闭自己，沉浸在一个人的世界中，这是很可怕的事情。

对于自闭的原因和表现形式，纽曼在一次研究会议中说："我认为人的自闭行为并非由于认知的缺陷，这是可以改进的情绪问题。一般来说，自闭者其实不但拥有很高的智商，而且理解能力超强，仿佛是过于聪明和看透了一切。他们多愁善感，又具备十分敏锐的观察力。所以，他们不但常被自己的情绪（多数是不良的）淹没，也极易被他人的情绪压倒，产生驱之不去的困惑。"

我们在最近 10 年中接触到了很多遇到社交障碍的人，他们来自世界各地，有美国人、加拿大人、中国人、印度人，还有不少英国人。这些人有一个共同的想法，就是"逃离这个世界"，他们不希望与外面形形色色的人进行交流——这可能与你想象的相反，你会认为自闭者社交饥渴，但事实不是这样的。

他们当然不想这样，也很想改进，他们并不缺乏对外部世界的渴望和对别人的同情心，虽然他们的内心十分矛盾。这些人在社交上遇到的困难和一些童年经验，让他们觉得敞开自己的心扉是一件无法接受的事情。

居住在西雅图的本泽先生是一个大高个，身高接近一米九。他有着一双深蓝色的眼睛和一头浅棕色的头发，是一个典型的帅哥。如果只看他的外在形象，我相信有不少女孩第一时间就会被他迷住。但事实呢？

本泽说："我在小时候是一个什么都想知道的家伙，十分活泼，就像正常人一样成长。我的叔叔得了严重的抑郁症，只有 32 岁就英年早逝了。他是当时我最亲近的人，我每天都去找他玩，这也意味着我亲眼看着他每况愈下，他像从山崖上迅速坠落，最终放弃活下去。从那以后，我的生活发生了巨大改变。"

再次回到同学中间的本泽变得沉默寡言，与伙伴和老师的交流明显变少了。他不再是游戏的中坚分子，也离开了篮球场和足球场。同时，他的成绩一落千丈，有段时间甚至成了全班最差的学生。中学毕业后，本泽在家待了一年半，哪儿也不想去，他最喜欢的事情就是躲在沙发后面，一个人安静地坐着，拿着一本书，或者拿着一张儿时的相片，对着窗户，默默地想一些事情。

我问他："那时候你想些什么呢？"

他笑着说："我也不知道，大脑里一团乱麻，就是胡思乱想吧。我们现在没事干的时候不都是这样的吗？"

本泽就差与世界吻别了，他关闭了心灵的门，成了一个自闭的年轻人。他的父母无能为力，只好不负责任地对他置之不理，在他选择大学、选择朋友、选择未来事业甚至挑选女朋友时，没有给他任何可以参考的意见——他也拒绝了潜在的帮助。

本泽现在每天都在洗车房里度过。他是西雅图最帅的洗车工，还有人给他拍了照片传到社交网站上，告诉人们某个地方有一名洗车工人长得十分帅气。然后老板表扬了他，宣布给他增加工资，因为洗车房的生意因为他的出名而日益红火。

　　这个故事给人们的启发是什么？假如你选择逃离世界，放弃自己的责任，就等于同时放弃了世界对你的帮助。你还能遇到自己人生中重要的"7个人"吗？也许还会碰到，但只能与他们擦肩而过，因为你已经失去了把握机遇的能力，也丧失了积极和阳光的心态。你将活在冷漠之中。

　　为此，我认为我们需要格外警惕生活中那些突如其来的"不幸事件"。它们随时可能出现在你的生活中，丝毫不给你预警的时间，也不考虑你的感受。没错，"不幸"就是这么不讲理，它们会打击我们对生活的信心，推远你与他人的距离，并让你从此坠入黑暗之中。

　　你必须保持良好的心情，避免忧虑，也不要为无谓的事情而担心——因为你的负面情绪会影响你的工作和生活的顺利进行，进而有可能对你的身心造成伤害。

　　"一定要由我来决定自己的生活。"这是北京女孩美美最爱说的一句话。她和本泽一样，在自己的童年时期就经历了自闭症的考验，也遇到过一些不幸的打击。但幸运的是，她没有选择逃避，而是迎难而上。

　　美美的母亲在她4岁时就去世了，这对她来说是第一次重大打击。任何一个人在只有四五岁时失去母亲，心灵上都会留下阴影。后来，美美迎来了自己的新妈妈，但两人的关系并不融洽。

她的父亲还做出了一个更加残酷的决定——把她送人。

对于第二次更加沉重的打击，美美选择了抗争。当时她只有6 岁，她简单收拾了一下自己的小书包，就在早晨五点多的时候离家出走了。她去了爷爷家，在乡下待了 8 年，直到高中才开始真正地独立生活。

在这几年充满痛苦和挫折的生活中，美美没有陷入自闭之中。相反，她交到了许多朋友——中学的玩伴、老师、高中时的好朋友。他们一起填充了美美充满活力的生活。在大学时，她又遇到了自己现在的丈夫，两个人十分恩爱，大学毕业后他们共同开了一家网上店铺，然后一起经营。

谈到现在的生活，美美说："我是相信命运的，但我更相信，它由我们自己掌握。我感谢生命中遇到的每一个人，是他们让我变得更坚强。"是的，当你决定完全由自己做主时，你就把握了自己的命运，事实就是如此。

许多人因为这样或那样的原因而对生活失去兴趣，变得像本泽一样，决意逃离这个世界。但我希望更多的人能向美美学习，像她一样坚强，并且懂得随机应变，尽自己所能积极地想办法，去改变现实，而不是逃避现实。

我们每个人都知道，保持积极的心态对生活有多么重要的意义。然而，正如上面所讲，并不是每一个人都能以好心情来度过生命中的每一天。人们总会碰到不愉快的事情，总有让人懊恼、烦心的事填充我们的生活、工作和情感世界，破坏我们的心情。

对我们来说，重要的是学会控制自己的情绪，成为自己的主人，握住命运的方向盘。

性格决定你的命运，气度决定你的格局

人们常说性格决定命运，性格影响着一个人的人际关系、婚姻选择、生活状态、职业取向等。

1998 年 5 月，华盛顿大学有幸请来沃伦·巴菲特和比尔·盖茨做演讲。有一个学生问道："你们怎么变得比上帝还富有？"对此，巴菲特的回答是："这个问题非常简单，其关键不在于智商。为什么聪明人会做一些影响自己工效的事情呢？原因在于习惯、性格和脾气。"比尔·盖茨对于巴菲特的回答也深表赞同。无论是在工作中，还是在生活中，我们都会受到性格的影响。

性格好比是水泥柱子中的钢筋铁骨，而知识和学问则是浇筑用的混凝土。当你的大楼盖起来的时候，性格和知识都必不可少。有位美国记者采访晚年的银行家 J. P. 摩根时问："决定你成功的条件是什么？"老摩根毫不掩饰地说："性格。资本比资金重要，但最重要的还是性格。"

大千世界，每个人的性格都不一样，有的人的性格更有助于家庭的团结，有的人的性格更有利于结交五湖四海的朋友，有的

人的性格更适合在事业上取得成功……不同的性格决定了每个人会做出不同的人生选择。比如，在面对相同的两个选项时，谨慎的人会进行保守的选择，冲动的人会进行大胆的选择，不管你做出怎样的选择，一定程度上，都是由你的性格决定的。

如果说性格决定了你走哪条道路，那么你的气度则决定了你将如何走完这条路。上天总赋予胜利者非凡的气度，他们心胸开阔，拥有良好的品质。气度是一种大智与大勇的完美结合。我们既要有敢为天下先的勇气和胆略，又要有不断创新、开拓进取、顺应时代潮流而动的智谋。古往今来，唯有知己知彼者，方可百战百胜。有勇有谋才能成就一番事业。

正如曼德拉出狱时所说："当我走出囚室、迈出通往自由的监狱大门时，我已经清楚，自己若不能把悲痛与怨恨留在身后，那么我其实仍在狱中。"曼德拉之所以伟大，就在于尽管他坐牢 27 年，但是当他终于获得权力之时，他没有选择报复，而是选择了宽恕与和解。他在就职仪式上，向三位关押自己的狱卒致敬。

宽容和气度到底是什么？通过曼德拉的故事，我们可以知道，宽容与气度通常源自痛苦与磨难，他正是在狱中学会了控制情绪才活了下来，别人毫无人性的折磨反而让他变得更加宽容大度。事实上，气度是一种从容，一种心境，一种内心的胜利。古人曾说过"海纳百川，有容乃大"。如果没有气度，总是为那些流言费心劳神，为无所谓的琐事争来斗去，我们的精力就会受到牵扯，也就难以干成大事了。当你为了某些鸡毛蒜皮的小事而心神不宁的时候，请回想一下曼德拉的话吧。

这里还有一个小故事能对你有所启发。一只小猪、一只绵羊和一头乳牛，被关在同一个畜栏里。有一次，牧人捉住小猪，它号叫且非常猛烈地抗拒。绵羊和乳牛讨厌它的号叫，便说："他常常捉我们，我们并不大呼小叫。"小猪听了却回答道："捉你们和捉我完全是两回事，他捉你们，只是要你们的毛和乳汁，但是捉住我，却是要我的命啊！"

这个小故事告诉我们，立场不同、所处环境不同的人，对同一件事情往往会有不同的看法，也会有不同的感受。我们常常以自己的经历来揣度他人的经历，以自己的好恶来揣度他人的好恶。这样做事是有局限性的，对别人的失意、挫折、伤痛，我们不能幸灾乐祸，在人际交往中，我们要怀有一颗宽容的心。

花开花落宠辱不惊，那是真气度。有句话说得好："胸怀是委屈撑大的。"请尊重别人批评你的权利，也请尊重别人不按你的意图行事的权利。

做自己热爱的事

假如你想成功，一定得知道自己在做什么，想做什么，以及必须做什么。

假如你想活得有意义，一定要清楚哪些人对自己来说非常重要，然后努力从他们那里吸收积极的力量。

今天，我发现大部分人之所以不成功，就是因为他们既不知道自己在做什么、应该做什么，也不清楚自己应该去寻找什么样的人，和哪些人发生积极的联系，特别是如何向别人学习。

那么到底什么是成功呢？有一次，我对一个来自西班牙的女孩说："当你发现有一件事是你感兴趣的时，别让年龄牵绊你，赶紧去做就是了。如果你总是能够坚持这个原则并且生活还很顺利的话，你就是成功的了。"

从这个角度来说，答案是非常简单的：做你热爱的事。

假如你喜欢投资，就去学习商业知识。

假如你喜欢烧菜，就每天做美味佳肴。

假如你喜欢跳舞，就去学习跳舞。

你要学会爱上你自己：我非常性感，我非常帅气，我活力四射，我身材健美，我面容清秀……这都没问题，尽量发现一些让你自豪的特点。只要是自己喜欢的，都可以大声说出来并对此充满自信。

人生最难得的，就是做自己喜欢做的事，然后全力以赴；就是在自己热爱的地方生活，在自己热爱的行业中工作。就算年轻时不知道自己想要什么，也没有关系。你不必过于焦虑，因为时间还够。你需要知道自己对什么感兴趣，知道自己愿意把时间投入到什么上面。

人生就是这样的，我们面临着无数的未知，不知道下一秒发生的是什么，也不知道自己的计划是否成功，只能迈开步伐勇敢地向前走。前面可能会有许多危险，也可能会面临严重的危机，自己的一切努力可能都会化为乌有。然而，无论有多少危险，有多大的挫折等着你，你都要一往无前，绝不退缩。

当然我们都知道，这恰恰是最难的，我们就是在这样的过程中不断地成长。

如果你一生中大部分时间都是在自己不习惯、不喜欢的地方生活，一直在自己不关心的领域，做自己讨厌的工作，那么我可以断定，你是不太可能获得成功的，因为你在潜意识中已经拒绝了这样的可能性。

当我问一个人喜欢什么或者对什么感兴趣的时候，我最害怕听到的回答是"不知道"。可偏偏许多人对我说，他们确实不清楚自己到底想要什么，或者有什么东西是能让他们感兴趣的。

很多人都会有这样的迷茫："我专业课很好，从学习方面讲，我是一名优秀的大学毕业生，但我在面临人生的重要选择时，在考虑进入哪一个行业、从事什么工作时，突然发现像被关进了一栋完全封闭、黑暗的房子，门口在哪儿，我应朝哪个方向迈出脚步？我一无所知。"

如果你连自己对什么感兴趣都不知道，你就会失去方向感，这确实有一点可怕。试想一下吧，如果我们对自己连基本的了解和认识都没有，又如何来经营自己的未来呢？

我相信，人们即使不能明确自己心中所爱的是什么，但也都会努力找到自己的兴趣所在。人们都清楚这是十分重要的——找到自己喜欢做的事情。

苹果公司前CEO乔布斯曾经在斯坦福大学的毕业典礼上进行过一次著名的演讲，他说道：

"生活有时候会狠狠地砸你的头，但你一定不要失去信仰。我知道，唯一支撑我前进的东西就是我所热爱的事。你也必须找到你自己所爱的东西。这句话不仅适用于你的工作，同时也适用于你的恋爱。"

"你生活的大部分将是由工作构成的，而唯一能让你真正从工作中得到满足的办法就是爱你所做的事。假如你还没有找到它，那就继续找吧，在这条寻找之路上，千万不要停下你的脚步。同所有与心灵相关的东西一样，当你找到它时就会知道。就像那些美好的爱情一样，它会随着岁月的增长变得更加醇美。"

日本松下电器的创始人松下幸之助先生说："人要懂得誓不罢休地去追求自己的理想。"在人的一生中，理想是非常重要的。你自己的渴望才是能够激励你的最强大的力量。

获得幸福的方法因人而异，我当然不能千篇一律地告诉你怎样去做。但是，要想获得成功首先必须要树立信心，立下志愿。坚定的信心是一切美好的开端，而强烈的渴望是一切成功的基础。

可以说，如果没有强烈的愿望，你就没有足够的动力去寻找有效的方法，自然就会比别人离成功远一些。这很重要。

在追寻自己梦想的过程中，你还应允许自己失败。不要害怕出丑，也不要惧怕嘲笑。你必须丢弃那些不必要的自尊和所谓的面子，坦然地面对失败，总结经验再次来过，争取一次比一次做得更好，不断让自己鼓起勇气重新再来。

你要做的是积极地尝试，直到找到自己真正热爱的东西，确立自己一生为之努力的梦想。我们要给自己时间，不要着急；要保持对梦想的热爱与热情。在漫长的岁月中，这才是人生最难的、最有价值的部分。